"十一五"国家重点图书
中国气象局科普项目资助
农村气象防灾减灾科普系列丛书

农村生活气象灾害应急避险常识

中国气象学会秘书处 编
气象出版社

图书在版编目(CIP)数据

农村生活气象灾害应急避险常识/中国气象学会秘书处，气象出版社编.—北京：气象出版社，2008.11(2015.3重印)
（农村气象防灾减灾科普系列丛书）
中国气象局科普项目资助
ISBN 978-7-5029-4606-7

Ⅰ.农… Ⅱ.①中…②气… Ⅲ.农业气象-气象灾害-灾害防治 Ⅳ.S42-62

中国版本图书馆 CIP 数据核字(2008)第 156141 号

出版发行：	气象出版社
地　　址：	北京市海淀区中关村南大街46号
邮政编码：	100081
网　　址：	http://www.qxcbs.com
E-mail：	qxcbs@cma.gov.cn
电　　话：	总编室 010－68407112，发行部 010－68409198
策划编辑：	崔晓军　王元庆
责任编辑：	崔晓军
终　　审：	黄润恒
封面设计：	博雅思企划
责任技编：	吴庭芳
责任校对：	刘祥玉
印 刷 者：	北京奥鑫印刷厂
开　　本：	787 mm×1 092 mm　1/32
印　　张：	3
彩　　插：	4
字　　数：	55 千字
版　　次：	2008 年 11 月第 1 版
印　　次：	2015 年 3 月第 4 次印刷
印　　数：	20 001～25 000
定　　价：	10.00 元

本书如存在文字不清、漏印以及缺页、倒页、脱页等，请与本社发行部联系调换

《农村气象防灾减灾科普系列丛书》

编委会

主　编：沈晓农

副主编：李　慧　　王春乙　　刘燕辉

编　委（以姓氏笔画为序）：

　　　　王元庆　　王存忠　　刘文泉

　　　　成秀虎　　吴建忠　　陈　烨

　　　　林方曜　　郭彩丽　　崔晓军

本册编写：李　德

序

我国是世界上气象灾害最严重的国家之一。据统计,每年因各种气象灾害造成的农作物受灾面积达5 000多万公顷,经济损失超过2 000亿元。随着全球气候持续变暖,我国农业生产面临着更大的自然风险。

农业、农村、农民问题关系党和国家事业发展全局。党中央、国务院历来高度重视气象为"三农"服务工作。2008年中央一号文件明确要求,要充分发挥气象为农业生产服务的职能和作用,加强农业防灾减灾体系的建设和农业应对气候变化的能力建设。胡锦涛总书记在2008年6月的"两院"院士大会上强调,要将灾害预防等科技知识纳入国民教育,纳入文化、科技、卫生"三下乡"活动,纳入全社会科普活动,提高全民防灾意识、知识水平和避险自救能力。党的十七届三中全会又进一步强调要加强农村防灾减灾能力建设,并明确提出,要加强灾害性天气监测预警,宣传普及防灾减灾知识,提高灾害处置能力和农民避灾自救能力,开发气象预报预测和灾害预警技术,开发利用风能和太阳能,加强农业公共服务能力建设等。

多年来,气象部门始终坚持把为农业服务作为气象工作的重要任务,努力为农村防灾减灾、粮食增产、农民增收、农业增效等方面提供气象保障服务,并动员全部门力量,积极联合各部门组织开展面向农村和农民的气象科普活动,取得了初步成效。2008年11月,《中国气象局关于贯彻落实〈中共中央关于推进农村改革发展若干重大问题的决定〉的指导意见》明确提出了在农村开展宣传普及气象科技和气象灾害防御知识的任务,要求"建设农村气象科普教育基地,促进农村气象科技和气象灾害防御知识的宣传普及,提高农村气象科普宣传的力度、广度和深度,积极推动农村气象防灾减灾知识和技能的宣传教育下乡、进村、入户,提高农民气象灾害防御意识和避灾自救能力"。中国气象学会和气象出版社组织气象科普专家编写的《农村气象防灾减灾科普系列丛书》,针对我国现代农业、农村、农民的特点,从气象与农村生产、生活的关系及影响出发,面向农民群众普及各类气象灾害常识和防御要点,针对性强、通俗易懂。该丛书将通过"农家书屋"工程等渠道向全国发放。

面对农业生产和农村改革发展的新形势和新要求,气象部门一定要进一步增强农村气象防灾减灾和农业应对气候变化的能力,大力加强农村公共气象服务体系建设,充分发挥气象为农村改革发展服务的作用,大力推动面向农村和农民的气象科普活动,努力增强广大农民群众气象防灾减灾、应对气候变化的科学意识和素质,为推动农村改革发展作出新的更大的贡献。

中国气象局局长 郑国光

2008年11月于北京

目 录

1. 台风及其防御 ……………………… (1)
   (1) 什么是台风 …………………… (1)
   (2) 台风是如何命名的 …………… (2)
   (3) 如何防御台风 ………………… (3)
   (4) 台风的功与过 ………………… (6)
2. 暴雨及其防御 ……………………… (7)
   (1) 什么是暴雨 …………………… (7)
   (2) 暴雨的危害 …………………… (7)
   (3) 如何防御暴雨灾害 …………… (8)
3. 暴雪及其防御 ……………………… (10)
   (1) 什么是暴雪 …………………… (10)
   (2) 如何防御暴雪灾害 …………… (11)
4. 寒潮及其防御 ……………………… (13)
   (1) 什么是寒潮 …………………… (13)
   (2) 寒潮的影响 …………………… (14)
   (3) 如何防御寒潮灾害 …………… (16)
5. 大风及其防御 ……………………… (17)
   (1) 什么是大风 …………………… (17)
   (2) 风的影响 ……………………… (18)

(3)如何防御大风灾害 …………………… (19)
6. 沙尘暴及其防御 ……………………………… (22)
　　(1)什么是沙尘暴 …………………………… (22)
　　(2)沙尘暴的危害 …………………………… (23)
　　(3)如何防御沙尘暴 ………………………… (23)
7. 高温及其防御 ………………………………… (25)
　　(1)什么是高温 ……………………………… (25)
　　(2)如何防御高温灾害 ……………………… (25)
　　(3)如何防御热中风 ………………………… (27)
8. 干旱及其防御 ………………………………… (28)
　　(1)什么是干旱 ……………………………… (28)
　　(2)如何防御干旱灾害 ……………………… (29)
9. 雷电及其防御 ………………………………… (29)
　　(1)雷电是怎么回事 ………………………… (29)
　　(2)雷电的种类 ……………………………… (30)
　　(3)雷击易发生在哪些部位 ………………… (32)
　　(4)人员如何防御雷击 ……………………… (33)
　　(5)如何防御球形雷 ………………………… (36)
　　(6)建(构)筑物如何防御雷击 ……………… (37)
　　(7)安装太阳能热水器时如何防御雷击 …… (39)
10. 冰雹及其防御 ……………………………… (39)
　　(1)什么是冰雹 ……………………………… (39)
　　(2)如何防御冰雹灾害 ……………………… (40)

11. 霜冻及其防御 …………………………………… (42)
    (1)什么是霜冻 ………………………………… (42)
    (2)如何防御霜冻 ……………………………… (44)
12. 大雾及其防御 …………………………………… (45)
    (1)什么是大雾 ………………………………… (45)
    (2)雾的危害 …………………………………… (46)
    (3)如何防御大雾 ……………………………… (46)
13. 霾及其防御 ……………………………………… (47)
    (1)什么是霾 …………………………………… (47)
    (2)霾的危害 …………………………………… (48)
    (3)如何防御霾 ………………………………… (49)
14. 道路结冰及其防御 ……………………………… (51)
    (1)什么是道路结冰灾害 ……………………… (51)
    (2)如何应对道路结冰灾害 …………………… (51)
15. 龙卷风及其防御 ………………………………… (52)
    (1)什么是龙卷风 ……………………………… (52)
    (2)龙卷风的特点及危害 ……………………… (53)
    (3)如何躲避龙卷风 …………………………… (54)
16. 泥石流及其防御 ………………………………… (55)
    (1)什么是泥石流 ……………………………… (55)
    (2)泥石流发生前兆是什么 …………………… (55)
    (3)如何防御泥石流的危害 …………………… (56)
17. 突发气象灾害现场如何应急 …………………… (59)

(1) 突遇山洪暴发如何避险 …………………… (59)

(2) 平原农区突遇洪水如何避险 ……………… (60)

(3) 行车旅游遇到暴雨怎么办 ………………… (60)

(4) 突遇暴雨引发的山体滑坡灾害怎么办 …… (61)

(5) 被雷电灼伤如何急救 ……………………… (64)

(6) 高温中暑了怎么办 ………………………… (66)

18. 应对自然灾害时重要救护群体如何救护 … (66)

(1) 自救原则 …………………………………… (67)

(2) 婴幼儿的救护 ……………………………… (68)

(3) 少年儿童的救护 …………………………… (71)

(4) 孕妇和哺乳期妇女的救护 ………………… (74)

(5) 病人的救护 ………………………………… (77)

(6) 残疾人的救护 ……………………………… (78)

(7) 老年人的救护 ……………………………… (80)

19. 其他 …………………………………………… (82)

(1) 我国有哪些主要气象灾害 ………………… (82)

(2) 我国重大气象灾害的五大特征是什么 …… (83)

(3) 我国规定了哪些气象灾害预警信号 ……… (85)

(4) 如何识别气象灾害预警信号 ……………… (85)

(5) 从哪些渠道可以获悉气象灾害预警信息

……………………………………………… (86)

附录:我国发布的气象灾害预警信号名称、
　　图标和标准 ……………………………… (87)

1. 台风及其防御

(1)什么是台风

> 人们时常说道的台风,其实是一种热带气旋。所谓热带气旋,是指发生在热带或副热带洋面上急速旋转的低压涡旋,它像小孩玩的陀螺一样,边走边转,是气象灾害中破坏力最大的灾害之一。这种灾害主要由狂风、暴雨和风暴潮[①]造成。当其中心附近最大平均风力达12级或以上,即风速等于或大于32.7米/秒时,就称之为台风。主要危害是破坏农业、交通、通信、公共设施等。

世界气象组织把热带气旋按照中心附近最大平均风力的大小划分为4个等级:

风力6～7级的叫"热带低压",8～9级的叫"热带风暴",10～11级的叫"强热带风暴",12级及其以

---

① 风暴潮:一种灾害性的自然现象。由于剧烈的大气扰动,如强风和气压骤变(通常指台风和温带气旋等灾害性天气系统)导致海水异常升降,使受其影响的海区的潮位大大地超过平常潮位的现象。

上的就称为台风。

自2006年起,中国气象局根据热带气旋中心附近地面最大风速大小,将台风划分为台风、强台风和超强台风三个等级。具体标准是:

☞ 台风:底层中心附近最大平均风速为32.7~41.4米/秒,也即12~13级。

☞ 强台风:底层中心附近最大平均风速为41.5~50.9米/秒,也即14~15级。

☞ 超强台风:底层中心附近最大平均风速≥51.0米/秒,也即16级或以上。

(2)台风是如何命名的

自2000年起,台风的命名由国际气象组织中的台风委员会负责。现在西北太平洋及南中国海(我国称为"南海")台风的名字,由台风委员会的14个成员国(中国、朝鲜、韩国、日本、柬埔寨、越南等)各提供10个名字,计140个,分为5组列表,循环使用。其中:龙王(Longwang)、悟空(Wukong)、玉兔(Yutu)、海燕(Haiyan)、风神(Fengshen)、海神(Haishen)、杜鹃(Dujuan)、电母(Dianmu)、海马(Haima)、海棠(Haitang)等,是由我国提供的。

实际命名的工作则交由日本东京区域专业气象中心负责。每当日本气象厅将西北太平洋或南中国海上的热带气旋确定为热带风暴强度时,即根据列表给予名字,并同时给予一个四位数字的编号。编号中前两位为年份,后两位为热带风暴在该年生成的顺序。例如,0313 即 2003 年第 13 号热带风暴,英文名为 DUJUAN,中文名为"杜鹃"。

但是,如果遇到特殊情况,命名表也会做一些调整。如当某个台风造成了特别重大的灾害或人员伤亡而声名狼藉,成为公众知名的台风后。为了防止它与其他的台风同名,台风委员会成员可申请将其使用的名称从命名表中删去,也就是将这个名称永远命名给这次热带气旋,其他热带气旋不再使用这一名称。当某个台风的名称被从命名表中删除后,台风委员会将根据相关成员的提议,对热带气旋名称进行增补。

(3) 如何防御台风

我国各级气象台一般根据台风可能产生的影响,在预报时采用"消息"[①]、"警报"[②]和"紧急警报"[③]三种

---

① 消息:当热带气旋远离或尚未影响到预报责任区时,根据需要可以发布"消息",报道编号热带气旋的情况,警报解除时也可用"消息"方式发布。
② 警报:预计未来 48 小时内将影响本责任区的沿海地区或登临时发布警报。
③ 紧急警报:预计未来 24 小时内将影响本责任区的沿海地区或登临时发布紧急警报。

形式向社会发布台风信息；同时，按台风可能造成的影响程度，从轻到重向社会发布蓝、黄、橙、红四色台风预警信号（详见附录）。公众应密切关注媒体有关台风的报道尤其是公布的台风预警信号，及时采取预防措施加以防范。

- 台风来临前，应准备好手电筒、收音机、食物、饮用水及常用药品等，以备急需。
- 关好门窗，检查门窗是否坚固；取下悬挂的东西；检查电路、炉火、煤气等设施是否安全。
- 将养在室外的动植物及其他物品移至室内，特别是要将屋顶或楼顶的杂物搬进室内；室外易被吹动的东西也要加固。
- 不要去台风经过的地区旅游，更不要在台风影响期间到海滩游泳或驾船出海。
- 住在低洼地区和危房中的人员，要及时转移到安全场所。
- 及时清理排水管道，保持排水畅通。
- 有关部门要做好户外广告牌的加固；建筑工地要做好临时用房的加固，并整理、堆放好建筑器材和工具；园林部门要加固城区的行道树。

☞ 遇到危险时,请拨打当地政府的防灾电话求救。

☞ 台风引发的风暴潮容易冲毁海塘、涵闸、码头、护岸等设施,甚至可能直接冲走附近的人员。台风来临前,海涂养殖人员、病险水库下游的人员、临时工棚等危险地段的人员都应及时转移。

☞ 沿海乡镇在台风来临前要加固各类危旧住房、厂房、工棚、临时建筑、在建工程、市政公用设施(如路灯等)、吊机、施工电梯、脚手架、电线杆、树木、广告牌、铁塔等,千万不要在以上地方躲风避雨。

☞ 台风来临时,千万不要在河、湖、海的路堤或桥上行走,不要在强风影响区域开车。

☞ 台风带来的暴雨容易引发洪水、山体滑坡、泥石流等次生灾害,因此,大家要高度警惕,发现危险征兆,应及早转移。

(4)台风的功与过

台风常常给社会和人类带来较大危害,引起建筑物及设施的破坏和倒塌,并造成车辆的颠覆、失控、无法运行,船舶的流失、沉没,电线杆的折断、损坏,树木、农作物的倒伏和落果,此外,台风带来的强降雨还会引发山洪暴发等次生灾害。不过,台风也常给人类带来一定的益处,这些益处主要体现在三个方面:

☞ 一是提供大量淡水资源。台风能给日本、印度、东南亚和美国东南部带来大量雨水,占这些地区总降水量的25%。

☞ 二是起到调温作用。赤道地区接受日照量最多,气候炎热,如果没有台风驱散这一地区的热量,热带便会更热,寒带也会更冷,而温带将会消失。例如,我国福建省夏季如无台风,将造成严重的干旱,天气炎热,有台风时福建夏季则凉爽。

☞ 三是保持热量平衡。台风最大时速达200千米左右,其能量相当于400枚2 000吨级的氢弹爆炸时所放出的能量,地球全凭着这种台风释放的能量保持着热平衡。

2. 暴雨及其防御

(1)什么是暴雨

> 暴雨是指降雨强度和降雨量都相当大的降水。在我国,除个别地区外,一般指日(24小时)降水量大于50毫米的降水。根据降水量的多少,又可将暴雨细分为暴雨(24小时降水量为50～99.9毫米)、大暴雨(24小时降水量为100～200毫米)、特大暴雨(24小时降水量为200毫米以上)等。由于我国地域广阔,各地降水差异较大,因此,各地(如新疆、华南)暴雨标准也有所不同。

(2)暴雨的危害

暴雨来得快,雨势猛,尤其是大范围持续性暴雨和集中的特大暴雨,不仅影响工农业生产,而且可能危害人民的生命,造成严重的经济损失。暴雨的危害主要有两种:

一是洪涝灾害。由暴雨引起的洪涝淹没作物,使作物新陈代谢难以正常进行而发生各种伤害,淹水越深,淹没时间越长,危害越严重。特大暴雨还会引起山洪暴发、河流泛滥,诱发泥石流、山体滑坡等次生灾害,不仅危害农作物、果树、林业和渔业,而且还冲毁农舍和工农业设施,甚至造成人畜伤亡,经济损失严重。我国历史上的洪涝灾害,几乎都是由暴雨引起的,1954年7月长江流域大洪涝,1963年8月河北的洪水,1975年8月河南大涝灾,1998年我国长江流域特大洪涝灾害等,都是由暴雨引起的。

三是渍涝危害。由于暴雨急而大,使农田因排水不畅而积水成涝,土壤孔隙被水充满,造成陆生植物根系缺氧,使根系生理活动受到抑制,加强了嫌气过程,产生有毒物质,使作物受害而减产。

(3)如何防御暴雨灾害

暴雨来临前,我国各级气象台(站)会及时通过多种媒体发布预警信息,目前我国暴雨预警信号分为四级,分别以蓝色、黄色、橙色、红色表示(见附录)。从蓝色到红色,表示暴雨程度越来越严重。公众要学会辨识暴雨预警信号,及时采取防范措施,减少或避免暴雨危害,同时还要注意以下几点:

- 不要将垃圾、杂物等丢入下水道,以防堵塞后遇暴雨出现积水成灾。
- 居住在地势低洼区的居民,可因地制宜采取"小包围"措施,如砌围墙,大门口放置挡水板,谨防雨水反灌室内,并配置小型抽水泵等器材。
- 居住在住宅楼底层的居民,应及时将家中的电器插座、开关等移装在离地面1米以上的安全地方。一旦室外积水漫进屋内,应及时切断电源。谨防积水带电触电伤人。
- 在下暴雨期间,尽量不要外出,尽可能绕过积水严重地段。在积水中行走要注意观察,防止跌入窨井及坑、洞中。
- 河道是城市重要排水通道,不准随意倾倒垃圾及废弃物,以防河道淤塞,人为造成排水不畅,形成更大危害。

对于暴雨引发的洪涝、泥石流、滑坡等次生灾害的防御,详见本书其他部分相关内容。

3. 暴雪及其防御

(1)什么是暴雪

> 所谓暴雪是指大量的雪被强风席卷而随风飘移,并且不能判定是否有降雪,水平能见度[①]小于1千米时的一种气象灾害。

对于降雪量,气象上有严格的规定:用一定标准的容器,将收集到的雪融化后测量出的量度值就是降雪量。如同降雨量的规范一样,一定时间内所降的雪量,就是此段时间内降雪多少的度量。这个"一定时间",通常有24小时和12小时两个标准。按照12小时内的降雪量不同,气象学上将降雪划分为5个等级:①零星小雪,指有降雪量但小于0.1毫米;②小雪,降雪量大于等于0.1毫米、小于0.25毫米;③中雪,降雪量大于等于0.25毫米、小于3.0毫米;④大雪,降雪量大于等于3.0毫米、小于5.0毫米;⑤暴雪,降雪量大于等于5.0毫米。

---

① 能见度:气象学术语,指视力正常的人,能将一定大小的黑色目标物从地平线附近的天空背景中区别出来的最大距离。

(2)如何防御暴雪灾害

我国暴雪预警信号分四级,分别以蓝色、黄色、橙色、红色表示(见附录)。防御暴雪灾害,要做好以下工作:

暴雪来临前

- 关注气象部门关于暴雪的最新预报、预警信息。
- 做好道路清扫和积雪融化准备工作。
- 减少外出活动,特别是尽可能减少车辆外出,并躲避到安全地方。
- 机场、高速公路、轮渡码头可能会停航或封闭,要及时取消或调整出行计划。
- 做好防寒保暖准备,储备足够的食物和水。
- 不要待在不坚实、不安全的建筑物内。
- 农牧区要备好粮草,将野外牲畜赶到圈里喂养。
- 对农作物要采取防冻措施,防止作物受冻害。
- 加固棚架等易被雪压的临时搭建物。

暴雪来临后

- 暴雪出现后,牲畜采食困难,应加强人工补饲工作。
- 主动清扫自家或单位附近道路和屋顶的积雪。
- 外出时,要采取防寒保暖和防滑措施。
- 骑自行车外出的,可适当给轮胎放气,以增加自行车轮胎与路面的摩擦力。同时,要慢速行驶并与前车保持一定距离,切忌急刹车、猛转弯,以免造成摔伤。
- 步行时尽量不要穿硬底或光滑底的鞋。
- 老少体弱人员尽量减少外出,以免摔伤。
- 在室外要远离广告牌、临时搭建物和老树,避免被砸伤。路过桥下、屋檐等处时,要小心观察或绕道通过,以免冰凌脱落伤人。
- 驾驶人员应采取防滑措施,听从指挥,慢速行驶。
- 如果被积雪围困,要尽快拨打110,119等报警求救电话,积极寻求救援。

4. 寒潮及其防御

(1)什么是寒潮

> 寒潮是冬春季节发生的一种灾害性天气，群众习惯把寒潮称为寒流。所谓寒潮，就是北方的冷空气像潮水般大规模地南下侵袭我国，造成大范围急剧降温和刮偏北大风的天气过程。寒潮一般多发生在秋末、冬季、初春时节。我国气象部门这样规定：由于冷空气的入侵，使气温在24小时内剧降10℃以上，而且在这一天内最低温度又在5℃以下，称为寒潮。在长江中下游地区，强冷空气南下，造成48小时内气温下降10℃以上，也称为寒潮。

但是，寒潮天气是怎样形成的呢？

这要从地球北极地区的自然条件谈起。在北极地区由于太阳光照强度较弱，地表面和大气获得的热量较少，常年冰天雪地。到了冬春季节，太阳光的直射位置越过赤道，到达南半球，北极地区的寒冷程度更强，范围也在不断扩大，气温一般都在－40℃以下。范围很大的冷气团聚集到一定程度,在适宜的高空大气环流①作用下,就会大规模向南入侵,形成寒潮天气。入侵我国的寒潮,大部分来自西伯利亚北部和蒙古高原一带。

(2)寒潮的影响

寒潮和强冷空气南下,通常带来大风、降温天气,是我国冬半年主要的灾害性天气。寒潮大风对沿海地区威胁很大,如1969年4月21—25日出现的寒潮,强风袭击渤海、黄海以及河北、山东、河南等省,陆地风力7~8级,海上风力8~10级。此时正值天文大潮②,寒潮暴发造成了渤海湾、莱州湾几十年来罕见的风暴潮。在山东北岸一带,海水上涨了3米以上,冲毁海堤50多千米,海水倒灌30~40千米。

寒潮带来的雨雪和冰冻天气对交通运输的危害也十分明显。如1987年11月下旬的一次寒潮过程,使哈尔滨、沈阳、北京、乌鲁木齐等铁路局所管辖的不少车站道岔冻结,铁轨被雪埋,通信信号失灵,列车运行受阻。雨雪过后,道路结冰打滑,交通事故明显

---

① 大气环流:大气大范围运动的状态。某一大范围的地区、某一大气层次在一个长时期内的大气运动的平均状态或某一个时段内的大气运动的变化过程都可以称为大气环流。
② 天文大潮:太阳和月亮的引潮合力的最大时期(即朔和望时)之潮。

上升。

寒潮袭来对人体健康的危害也很大,大风降温天气容易引发感冒、气管炎、冠心病、肺心病、中风、哮喘、心肌梗死、心绞痛、偏头痛等疾病,有时还会使患者的病情加重。

当然了,凡事既有不利之处,也有有利的一面。地理学家研究认为,寒潮有助于地球表面热量交换,有助于自然界的生态保持平衡,保持物种的繁茂。气象学家则认为,寒潮是风调雨顺的保障。我国受季风影响,冬天气候干燥,为枯水期。但每当寒潮南侵时,常会带来大范围的雨雪天气,缓解了冬天的旱情,使农作物受益。农作物病虫害防治专家则认为,寒潮带来的低温,是目前最有效的天然"杀虫剂",可大量杀死潜伏在土中过冬的害虫和病菌,或抑制其滋生,减轻来年的病虫害。常言道"寒冬不寒,来年不丰",说的就是寒潮的有利的一面。据各地调查数据显示,凡大雪封冬之年,农药用量可节省60%以上。

另外,寒潮还可带来一定的风能资源。科学家认为,风是一种无污染的宝贵动力资源。举世瞩目的日本宫古岛风能发电站,寒潮期的发电效率是平时的1.5倍。

(3)如何防御寒潮灾害

目前,每当寒潮来临前,我国气象部门会发布预警信息,其预警信号分为四级,分别以蓝色、黄色、橙色、红色表示越来越重(见附录)。公众及各部门要学会辨识寒潮预警信号,做到心中有数,应对有序。

百姓如何防范寒潮

- ☞ 关好门窗,固紧室外搭建物。
- ☞ 居民要注意添衣保暖,尤其是要做好老弱病人的防寒工作。
- ☞ 外出要采取保暖防滑措施,当心路滑跌倒。
- ☞ 司机要采取防滑措施,注意路况,听从指挥,慢速驾驶。
- ☞ 牧民应将野外牲畜赶进棚圈内喂养。
- ☞ 船舶应到避风场所避风,高空、水上等户外作业人员应停止作业。
- ☞ 处在危旧房屋内的人员要迅速撤出,尤其是遇到暴风雪时。
- ☞ 提防煤气中毒,尤其是采用煤炉取暖的居民。
- ☞ 如被暴风雪围困,尽快拨打求救电话。

部
门
如
何
防
御
寒
潮

- ☞ 公用事业单位根据情况,启动防御工作预案。
- ☞ 交通部门做好道路融雪融冰准备,如遇道路积雪结冰严重,可关闭道路交通。
- ☞ 农业部门要积极采取防冻措施,尤其是南方的热带、亚热带果树更要采取防冻措施。
- ☞ 牧区要备好粮草,做好牲畜的防寒防风工作。

5. 大风及其防御

(1)什么是大风

所谓风就是指空气相对于地面的水平运动,通常以风向、风速或风力来表示。风向是指风吹来的方向,例如,风如果是从西南方向吹来的,我们就称之为西南风。风速是指空气水平运动的速度。当风速超过一定程度的时候,就会给人们的生产生活带来负面影响,造成危害,这种风就是大风,在气象学上规定,6级(12米/秒)或以上的风为大风。

(2)风的影响

大风可摧毁建筑物、大树等,造成人员伤亡和财产损失,即通常所说的风灾。例如,1993年4月9日,11级大风瞬间将北京火车站前近百米长的巨大广告牌连同基础墙刮倒,造成2人死亡、数十人受伤的悲剧。1997年3月25日下午3时40分左右,云南省开远市城区天空乌云密布,在电闪雷鸣、暴风骤雨的猛烈袭击下,市西路南段40多株行道树被9级大风(风速23米/秒)吹折刮倒,几辆正在行驶的机动车被倒下的树干砸中,6人受伤;一辆载有2名乘客的三轮摩托车被倒下的一棵树砸中,两名乘客因伤势严重不幸身亡。

风还是农业生产的环境因子之一。适度的风速对改善农田环境条件起着重要作用。风可传播植物花粉、种子,帮助植物授粉和繁殖。风能还是分布广泛、用之不竭的绿色能源。我国盛行季风,内蒙古高原、东北高原、东南沿海以及内陆高山,都具有丰富的风能资源,可作为能源开发利用。这是风的有利的一面。

但是,风对农业还有不利的一面。它能传播病原体,使植物病害蔓延。高空风是黏虫、稻飞虱、稻纵卷叶螟、飞蝗等害虫长距离迁飞的气象条件。大风使作物叶片机械擦伤、作物倒伏、树木断折、落花落果而影响产量。大风还会造成土壤风蚀、沙丘移动而毁坏农田。在干旱地区盲目垦荒,风将导致土地沙漠化。牧区的大风和暴风雪可吹散畜群,加重冻害。地方性风的某些特殊性质,也常常造成风害,等等。

(3)如何防御大风灾害

我国气象部门将大风(除台风、雷雨大风外)预警信号分为四级,分别以蓝色、黄色、橙色、红色表示(见附录)。在获悉大风警报以后,要事先做好预防工作。如果已经身陷大风中,要果断地采取保护性措施。

> ☞ 获悉大风警报以后,外出的人应尽快回家,船舶应及早驶入港湾。住在湖滨、海边等地域的居民,居于木屋、危房、草棚的住户,住所紧靠高压线的人家,都应在大风到来之前迁移到安全的地方。

> ☞ 大风即将临近之时,必须修改外出的日程。暂不去旷野或沙漠地带办事,不去离家较远的地方访亲会友,不到江河湖海等水域游泳,更不去高山峻岭旅游观光。

☞ 大风袭来可能会造成停电、断水及交通中断等情况,为有备无患,各家应适量储存一些米面、菜蔬、饮用水及蜡烛等。

大风袭来,人在室内怎么办

☞ 快速关闭门窗,拉下窗帘,人不要站在窗口边,以免强风席卷起的沙石击破玻璃伤人。必要时,还要准备好毯子、浴巾或床板,以在玻璃破碎后用来挡风遮雨。

☞ 大风经过高层建筑时,风力场会产生偏移和振动,造成大楼主体结构开裂。大风吹过楼后,会在其后形成涡流区,在地面造成强大的旋风,会把人刮倒,造成伤亡。此时此刻人们留在楼里最为安全。

大风到来，人在室外怎么办

- 如果正在城区或集镇的街道上，为防止两边楼上的东西被吹落下来，应尽快躲入商店或住户暂避一时，待风势减弱后，再赶往目的地。

- 在巷口拐弯处，由于风速和风向的突然改变，往往会形成巨大的串风，这时要谨防被串风吹来的杂物砸伤。

- 如果风势特大，不要把面积大而牢固程度低的建筑设施当做避风场所，如巨大的广告牌、建筑工地上尚未完工的山墙或者尚未拆完的断垣残壁及危旧房屋等。枝叶茂盛的高大树木，也具有同样的危险，应注意避开。

- 如果正在荒郊野外，前无村，后无店，又一时赶不到目的地，当风势太凶猛、步行已经身不由己时，千万别在风里跑动，也不要骑自行车。顶风行会因风压大、泥沙多而容易眯眼、呛气、被碰撞，甚至发生面部神经麻痹等。顺风行人会被风力推着跑，想停停不了，易失去控制。这时应该扣好衣扣，扎好裤腰带，弯着腰一步一步慢行或推车慢慢前进；或找低洼地暂时躲避。

> 河堤、湖岸边的公路，因遮蔽少、风力集中，刮大风时，人和汽车极易被风吹入水中。这时应尽快躲到远离水面的堤岸一侧，或原地卧倒，或停车暂避在驾驶室内。

6. 沙尘暴及其防御

(1)什么是沙尘暴

要弄清楚什么是沙尘暴，首先要明白什么是沙尘天气。

所谓沙尘天气是指强风从地面卷起大量尘沙，使空气混浊、水平能见度明显下降的一种天气现象。气象上把沙尘天气分为浮尘、扬沙、沙尘暴和强沙尘暴四类。只有当强风把足够的沙尘刮到天空，大气能见度小于1千米的时候，才称得上沙尘暴。当水平能见度小于500米时，则定义为强沙尘暴。

(2) 沙尘暴的危害

沙尘暴是一种破坏力很强的气象灾害。它出现时会给农林业、畜牧业、电力、通信、交通和人民生命财产造成严重危害,已经成为一个备受国际社会关注的生态环境问题。

沙尘暴通常会造成四种危害。一是大风摧毁建筑物、公路桥梁、树木和房屋,诱发火灾,引起人畜伤亡,沙尘暴还能造成各种交通事故和飞机停飞、火车停运。二是风沙掩埋农田、灌渠、村舍、铁路、草场等。三是严重污染环境。据分析,沙尘暴所经过的城市空气质量会恶化 2~5 倍,瞬间可达到数十倍。混浊的空气对人体健康构成严重威胁,诱发过敏性疾病、流行病及传染病。四是风蚀危害。大风刮走农田表层沃土和农作物,加剧土壤风蚀和沙漠化发展,覆盖在植物叶面上厚厚的沙尘还影响正常的光合作用,造成作物减产。据统计,一次强沙尘暴天气造成的经济损失和人员伤亡,往往不亚于甚至超过我国南方地区一次大暴雨过程或者一个登陆台风的危害。因此,有人将沙尘暴称为陆地"台风"。

(3) 如何防御沙尘暴

沙尘暴来临前,我国气象部门会发布沙尘暴预警信息,其预警信号分为三级,分别以黄色、橙色、红色表示(见附录),可根据预警信息提前采取防御措施。一旦遇到沙尘暴天气时,应当采取以下措施进行科学防范。

- 学校、幼儿园等单位要立即让学生进入室内,关闭门窗。户外活动人员要尽量弯腰行走,迅速远离水渠、河岸、高压线、水井、吊车和大型广告牌等危险地段,到安全的地方躲避。

  如果来不及躲避,要保持镇静,千万不要惊慌,可采取顺着风向趴地、双手抓住坚固物体、将头部放于双臂中间等自我保护措施,减少沙尘对眼睛、呼吸道等造成损伤。

- 电力、通信部门要注意安全保护,汽车、火车应当减速行驶或者停运,飞机停飞。

- 停止露天建筑等高空作业,对晾晒的物品进行覆盖保护。

7. 高温及其防御

(1)什么是高温

> 一般把日最高气温达到或超过35 ℃的天气现象称为高温,达到或超过37 ℃时称酷暑。

连续高温酷暑会使人体不能适应而影响生理心理健康,甚至引发疾病或死亡。

(2)如何防御高温灾害

高温来临前,我国气象部门会发布高温预警信息,其预警信号分为三级,分别以黄色、橙色、红色表示(见附录),从黄色到红色表示高温程度越来越重。防御高温灾害,要学会辨识高温预警信号,并做到以下几点:

如何防御高温灾害

- 应尽量避免午后高温时段的户外活动,老、弱、病、幼人群尤其要注意防暑降温,并采取必要的防护措施。
- 有关部门要注意防范因用电量过高,电线、变压器等电力设备负载过大而引发火灾。户外或者高温条件下的作业人员应当采取必要的防护措施。

- 注意作息时间,保证睡眠,必要时准备一些常用防暑降温药品。尤其是汽车驾驶员要趁夜间气温低时休息好,谨防因疲劳引发交通事故。

- 加强防暑降温保健知识普及,落实好防暑降温保障措施,严格控制高温期间加班加点,保证职工有充分的休息时间。室外劳动者应避开炎热时段。凡45岁以上或身体状况不良人员,不应参与在高温烈日下劳动强度大、危险性高的工作。

- 注意饮食和锻炼。高温天气宜吃咸食,多饮凉茶、绿豆汤等,以补充因出汗人体失去的水分、盐分。浑身大汗时,不宜立即用冷水洗澡,以防寒气侵入肌肤而患病。应先擦干汗水,稍事休息后再用温水洗澡。日常可适量进行体育锻炼,以增强人体的耐热功能,提高适应高温环境的能力。

- 若条件允许,应安装空调、电扇,以改善室内闷热环境。但不要长时间待在空调房内,以防止产生头疼头昏等所谓"空调病"。电扇不能直接对着头部或身体的某一部位长时间吹风,以防身体局部受寒。

(3)如何防御热中风

高温酷暑天气常引起人体生理和心理平衡失调,导致血压波动,尤其是心血管调节功能不良及脑动脉硬化原本供血不足的病人,会因高温酷暑天气而加剧大脑缺血,从而诱发脑梗死,继而诱发中风,这种由高温酷暑诱发的疾病,称为热中风。

发生热中风的前兆主要有:①血压突然大幅度波动,且伴有头昏眼花或耳鸣耳聋;②头昏头痛突然加重或由间断性头痛变为持续性剧烈的头痛,伴有恶心呕吐;③突然出现一时性一侧肢体发麻、无力,或活动不灵,或口舌发麻,吐字不清;④精神和性格突然发生改变,变得沉默寡言、表情淡漠,或急躁多语、烦躁不安,或出现短暂的判断和智力障碍,或突然发生嗜睡状态,即昏昏沉沉总想睡觉;⑤突然出现一时性的视物不清或自觉眼前发黑,甚至一时性突然失明,或出现频繁的鼻出血;⑥突然发生原因不明的跌跤和昏倒等。

如何防御热中风

- 避免在炎热的天气下到户外活动。
- 使用空调时室内外温差以不超过 7 ℃为宜,多饮水,即使不渴也要多喝水,保持小便清亮、大便通畅。
- 戒烟戒酒,防止血液黏稠度过高,以保证

如何防御热中风

机体良好的供血、供氧能力。
- ☞ 经常检测血压、血糖等,合理安排夏日生活,注意劳逸结合,多吃能软化血管和降血脂的食物,并在医生指导下使用降压药、降脂药。
- ☞ 老人一旦出现头痛、头昏、肢体乏力、半身麻木、频频打哈欠等不适时,切勿掉以轻心,不能误认为是"感冒、中暑"或休息不好,应尽快将老人送医院诊疗。

8. 干旱及其防御

(1)什么是干旱

> 所谓干旱,就是指长期无雨或少雨,使土壤水分不足,作物因缺水而减产的一种气象灾害。

干旱的影响主要有以下5个方面:
- ☞ 农业和牧业会因干旱影响而大面积减产。
- ☞ 干旱会引起供水紧张,影响工业生产、城市生活用水。

☞ 干旱会使部分水源受到污染,破坏生态环境。

☞ 干旱特别是高温干旱常常会引发森林火灾。

☞ 干旱会引起水源不足,如河流、池塘缺水明显等,常常导致渔业养殖减产。

(2)如何防御干旱灾害

我国气象部门将干旱预警信号分两级,分别以橙色、红色表示(见附录)。对于农业生产来说,如何防御干旱灾害,可参见《农村生产气象灾害应急避险常识》一书。

9. 雷电及其防御

(1)雷电是怎么回事

> 雷电(又称闪电)是大气中的一种剧烈放电现象。雷电一般产生于对流发展旺盛的积雨云中,因此常伴有强烈的阵风和暴雨,有时还伴有冰雹和龙卷风。雷雨云在形成过程中,一部分积聚起正电荷,另一部分积聚起负电荷,当这些电荷积聚到一定程度时,就产生放电现象。这种现象有的是在云层与云层之间进行,有的是在云层

与大地之间进行。这两种放电现象俗称打雷。这种放电时间短促,一般约50~100微秒,但电流异常强大,能达到数万安培到数十万安培。放电时产生强烈的光,这就是闪电。发生闪电时,将释放出大量热能,瞬间能使局部空气温度升高到10 000~20 000 ℃,空气的压强可达70个大气压。如此巨大的电量,具有极大的破坏力,往往会造成火灾和人畜伤亡。

(2)雷电的种类

雷电分为直击雷、感应雷、球形雷,最常见的是直击雷和感应雷。

直击雷 在雷暴活动区域内,雷雨云直接通过人体、建筑物或设备等对地放电所产生的电击现象,称之为直接雷击,即直击雷。此时雷电的主要破坏力在于电流特性而不在于放电产生的高电位。雷电击中人体、建筑物或设备时,强大的雷电流转变成热能。据估算,雷击点的发热量大约为500~2 000焦耳。该能量可以熔化50~200立方毫米的钢材。因此雷电流的高温热效应将灼伤人体,引起建筑物燃烧,使设备部件熔化。同时,在雷电流通过的通道上,物体的水分会因受热汽化而剧烈膨胀,产生强大的冲击性机械力。该机械力可以达到5 000～6 000牛顿,可使人体组织、建筑物结构、设备部件等断裂破碎,从而导致人员伤亡、建筑物破坏、设备毁坏等。

感应雷 急剧变化的雷电电场,因电磁感应在附近导体上产生高电压或大电流而引发的雷击叫感应雷。感应雷的破坏也称为二次破坏。雷电流变化梯度很大,会产生强大的交变磁场,使得周围的金属构件产生感应电流,这种电流可能向周围物体放电,如附近有可燃物就会引发火灾和爆炸,而感应到正在联机的导线上就会对设备产生强烈的破坏性。

球形雷 又称球状闪电,一般为直径10~20厘米的火球,呈红色、黄色或橙色。从产生到消失约4~120秒钟,亮度和大小几乎不变。球形闪电有个怪脾气,见缝就钻,常常从门窗、烟囱、甚至缝隙中钻入室内,有时能沿着导线以2米/秒左右的速度前进并燃烧。它一般沿水平方向移动,有时也停留在空中不动,或缓慢地降落。有的球状闪电在移动中还能自旋,有的则会反弹。移动时会发出嘶嘶声,消失时发出爆炸的巨响,其振动能量足以破坏一般的建筑物。由于爆炸时空气发生了化学反应,会生成臭氧和一氧化氮,故球状闪电消失后有一股难闻的味道。至于球形雷的成因,目前科学家们尚未找到确切答案。

(3)雷击易发生在哪些部位

- 缺少避雷设备或避雷设备不合格的高大建筑物、储罐等。
- 没有良好接地的金属屋顶。

☞ 潮湿或空旷地区的建筑物、树木等。
☞ 由于烟尘的导电性,烟囱特别易遭雷击。
☞ 建筑物上设置了无线电而又没有避雷器和缺乏良好接地的地方。

(4)人员如何防御雷击

在户外或旷野如何避雷

☞ 不要站在孤立的大树、烟囱、铁塔、电线杆、巨型广告牌等高耸物体附近,应尽量远离建筑物外露的水管、煤气管、避雷引下线等金属物体以及用电设备,头顶上方要避开电力线。

☞ 在户外突然遭遇雷雨,来不及离开高大物体时,应马上找些干燥的绝缘物放在地上,并将双脚合拢坐在上面,切勿将脚放在绝缘物以外的地面上。

☞ 不要站在高处(如山顶、楼顶等),不要接近导电性强的物体,应到地势比较低的不易导电的地方(如洞穴、沟渠、峡谷或高大树丛下面的林间空地等)避雷。在山洞里避雷,身体不要倚靠在洞壁上。

在户外或旷野如何避雷

- 不要进入孤立的棚屋、岗亭等小型建(构)筑物内,不要在铁路轨道附近停留。
- 不要在野外打金属柄雨伞或用金属物品作雨具,最好使用雨衣、雨披。
- 不宜在空旷地方开摩托车、骑自行车在雨中急行。
- 不宜进行户外体育活动,不要将羽毛球拍等扛在肩上。
- 在水田里劳动,在河里游泳、划船,在水面或水陆交界处作业时,应立即离开。
- 在田野劳动或行走时,使用的金属工具(如铁锹等)不要扛在肩上,宜拖在地上。
- 在雷雨中,如果遇到头、颈、身体有麻木的感觉或头发竖起时,这是遭受雷击的先兆,应马上蹲在地上,双脚并拢,双手抱膝,身体其他部位不要接触地面,拿掉身上佩戴的金属饰品。同时,不要很多人挤在一起,更不要几个人手拉着手,也不要大声呼叫。
- 驾车遭遇雷电天气时,不要将头伸向车外,上下车时不宜一脚在地一脚在车,双脚应同时离地或离车。

在户外或旷野如何避雷

- 户外看到高压线遭雷击断裂时应提高警惕,因为高压线断点附近存在跨步电压,身处附近的人此时千万不要跑动,而应双脚并拢跳离现场。
- 雷雨天,在户外不要接听或拨打手机,因为手机的电磁波也可能引雷。
- 遇雷暴天气出门,最好穿胶鞋,这样可以起到绝缘作用。

在室内如何避雷

- 打雷时,首先关好门窗,防止侧击雷或球形雷进入室内。
- 家庭使用电脑、电视、音响、影碟机等弱电设备的,尽量不要靠近外墙。室外天线和电源保护地要接地良好,有条件的应安装电源和信号线路电涌保护器(简称SPD,旧称电子避雷器)。
- 尽量不要打电话或上网,不要看电视听广播。应拔掉电视、电风扇等各种家用电器的电源线、电话线、网线及电视闭路线等可能将雷电引入的金属导线插头。拔出未装避雷器的室外天线。雷电强烈时最好关闭电源总开关。

在室内如何避雷

- ☞ 尽量不要靠近门窗、炉子、暖气管等金属部位,也不要赤脚站在泥地或水泥地上,最好脚下垫有不导电的物品坐在木椅子上。
- ☞ 人不要站在灯泡下,不宜使用电吹风、电动剃须刀等各种家用小电器。
- ☞ 居民在家里最好不要接触自来水管道、煤气管道以及各种带电装置,也不宜在雷电交加时使用喷头淋浴,更不要使用太阳能热水器。
- ☞ 晾晒衣服、被褥使用的铁丝也可能引雷,同样要注意防范。

(5)如何防御球形雷

和普通的雷电相比,球形雷(球状闪电)出现的几率要小得多,但是球形雷常常随着自身内部的电荷变化,会在几十秒至几分钟、最长不超过十几分钟内自然消耗掉。因此,万一遭遇球形雷,应尽可能避免球形雷对身体的伤害,一般要做到"闭"、"定"、"引"。

☞ 所谓"闭",就是雷雨时关闭门窗,不仅能降低雷电噪声,也可预防球形雷进入室内。

☞ 所谓"定",就是一旦发现附近有球形雷,必须定在原地,千万别跑动。因为球形雷具有"跟随气流飘动"的特点,且碰到任何物品都会爆炸。

☞ 所谓"引",则是指球形雷距离身边很近时,可迅速拾起旁边的石头或别的物体,向一个安全的方向扔去,从而把球形雷"引"走。

(6)建(构)筑物如何防御雷击

☞ 建(构)筑物要安装防直击雷装置:避雷针(带、网、线)、引下线和接地体,把雷电引入大地,达到保护建(构)筑物的目的。建(构)筑物特别是高层建(构)筑物一定要严格按照国家有关规范设计和安装防直击雷装置。投入使用的建筑物防雷装置,一定要按规定由当地的防雷中心进行定期检测,发现问题及时整修。

☞ 如果购买的是新房,一定要观察防雷装置是否齐全,并查看是否已通过有关部门的审核和验收。

- 如果使用的是旧房,一定要关心防雷装置是否损坏。特别是在维修和改造房屋时,很容易破坏原有防雷装置,应督促管理单位请当地防雷中心进行检查、检测。
- 建房时,要咨询当地的防雷中心专家,设计和安装防雷装置。在空旷地带建房时,即使是很低的建筑物,也要考虑安装防直击雷装置。
- 避雷针(带)无法防御感应雷造成的危害。感应雷侵害的范围广,它不管建筑物的高矮,只要有电源线或信号线引入的地方,数公里以外产生雷电,都有可能受到感应,使设备遭受损坏。为防止感应雷的危害,必须对电气设备和输电线路按规范规定安装一定型号的避雷器。具体问题,可咨询当地气象部门的防雷中心。

(7)安装太阳能热水器时如何防御雷击

- ☞ 做好太阳能热水器各金属支架的等电位连接,但应避免直接连接到避雷针上。
- ☞ 太阳能热水器电源线路应采用金属屏蔽保护,并在开关处安装电源避雷器。
- ☞ 太阳能热水器的安装要牢固,防止被强风刮翻。
- ☞ 太阳能热水器安装在建筑物顶部时,最好单独安装避雷针,使太阳能热水器在避雷针的保护范围内,免受雷电直接侵袭。
- ☞ 在电闪雷鸣时,切记不要使用太阳能热水器。

10. 冰雹及其防御

(1)什么是冰雹

冰雹,人们常称为雹或雹子,是从积雨云中降落下来的小冰球或冰块,为固态降水的一种。

能够下冰雹的积雨云叫冰雹云。在冰雹云里,起初和下雷阵雨的积雨云一样,也是由水滴、雪花、冰晶混合组成。这种云中的上升气流比较强,它能把云底部不断增长的水滴送到云的中上部成为过冷水滴,它们或者跟冰晶、雪花碰在一起,或者自然冻结,形成冰雹胚胎,当遇到过冷水滴时,胚胎表面会冻结一层不透明的冰。当上升气流减小,冰雹胚胎降到0 ℃以上的温度区时,它的表面一部分又融化成水,同时也有一部分水滴黏上去,当它再次被增强的上升气流带到0 ℃以下的温度区时,胚胎表面的水又冻结起来,形成一层比较透明的冰壳。由于积雨云中的上升气流时强时弱,所以,冰雹胚胎就一次又一次地在空中上下翻腾着,并不断地裹上一层层不透明和透明的冰衣,直到上升气流再也托不住它的时候,便会一落千丈到达地面,形成冰雹。

冰雹由几千米的高空落下,冲击力很大,往往损坏房屋、庄稼、汽车,甚至伤害人畜等。

(2)如何防御冰雹灾害

冰雹是春、夏季节一种对农业生产和人、家畜、家禽等危害较大的灾害性天气。冰雹出现时,常伴有大风、剧烈的降温和强雷电现象。一场冰雹袭击,轻者减产,重者绝收;有时还会造成人员、家畜、家禽的重大损伤。因此,必须加以防范。

- 注意收听收看当地的天气预报,了解天气变化趋势,特别是注意气象部门发布的冰雹预警信号(分为橙色、红色两级,详见附录),及早做好防雹准备。
- 注意当天的天气状况,如果降雹季节的早晨凉、湿度大,中午太阳辐射强烈,造成空气对流旺盛,则易发展成积雨云而形成冰雹。故有"早晨凉飕飕,午后打破头"、"早晨露水重,后晌冰雹猛"的说法。出现这种天气时,老人、小孩不要外出,最好留在家中。
- 及时躲避,这是面对冰雹减轻危害的最好办法。或当冰雹来临时,迅速在最近处找到带有顶棚、能够避雷防雹的安全场所,防止冰雹的袭击;如在室外,应用雨具或其他代用品保护头部,并尽快转移到室内,以免造成伤亡。

此外,冰雹来临前,气象部门还可及时进行人工消雹。其方法主要有:

☞ **爆炸法**：利用爆炸造成的强大冲击波,使上升气流遭到破坏,切断水汽供应,使冰雹云不再发展。

☞ **催化法**：利用火箭或高炮将带有催化剂(碘化银)的弹头,射入冰雹云的积累区,以产生大量的冰晶,药物的微粒起到了冰核的作用,迅速形成更多的水滴或冰粒,造成雹胚竞争水分的优势,过多的冰核分"食"过冷水而不让雹粒长大或拖延冰雹的增长时间,从而达到防雹的目的。

11. 霜冻及其防御

(1)什么是霜冻

霜是指地面物体或地面温度降到0℃以下,空气中的水汽在地面或物体表面直接凝结成白色冰晶的一种自然现象。

什么是霜冻呢?当地面温度降到0℃以

> 下，植物体内的水分会因温度低而发生冻结，引起植物受害或枯萎死亡，称之为霜冻。
>
> 霜冻又分"白霜"和"黑霜"两种。发生霜冻时，如果空气中水汽含量很多，达到饱和时，水汽直接在地面物体上凝结成一层白色冰晶，称为"白霜"。当发生霜冻时，如果空气中的水汽很少，达不到饱和时，在地面物体上就没有白色冰晶出现，但空气温度已降至0℃以下，仍然使农作物或果树遭受伤害，人们称其为"黑霜"。

按霜冻形成原因，可将霜冻分为辐射霜冻、平流霜冻和平流辐射霜冻。

辐射霜冻 由于夜间晴朗无云、无风，地面或物体表面辐射降温而形成。越是靠近地面，温度越低，地面温度比气温还低，又称为地霜。辐射霜冻与地面的状况关系密切，低洼地和谷地，因易积聚冷空气，形成"冷湖"，其霜冻最为严重，俗语"霜打洼"说的就是这个道理。干松的沙壤土，因导热不良，深层的热量不易上传，夜间温度可能降得很低，霜冻也较重。坚实而湿润的黏土等，因导热性更好，霜冻危害较轻。

平流霜冻 因为北方强冷空气南下，大风降温而形成的。气温比地面温度还低,称为风霜。三面环山、开口朝北的地形,冷空气易进难出,霜冻最为严重。而如果开口朝南,则冷空气易出难进,危害就小。高地和北坡易受北风影响,平流霜冻比南坡重。

平流辐射霜冻 即平流霜冻和辐射霜冻混合发生的霜冻。一般在冷空气过后,天气晴朗的夜晚,有利于辐射降温,易发生平流辐射霜冻。

(2)如何防御霜冻

受霜冻影响最大的是农林业。白居易"九月霜降秋早寒,禾穗未熟皆青干"的诗句,描述的就是作物经霜冻后枯萎死亡的现象。因此,广大农民和农林部门要注意收听收看天气预报和气象部门发布的霜冻预警信息(见附录),及时采取防御措施,尽可能减轻损失。下面简要介绍防御霜冻的一些基本方法,至于对一些具体作物来说如何防御霜冻危害,请参见《农村生产气象灾害应急避险常识》一书。

灌溉法 在获悉霜冻发生前的一天,进行农田灌溉,能起到有效防御效果。或者在霜冻发生前1小时内,向被保护的作物、果树喷水,通过水分的凝结散热作用,防御霜冻灾害。

熏烟法 在霜冻发生前,燃烧柴草等发烟物体,在被保护作物上方形成烟幕,也能防止或减少田间降温,增加作物间的温度,减轻霜冻危害。

覆盖法 在霜冻发生前,用草苫、草帘、席子、草灰、尼龙布等或用土覆盖在被保护的作物上面,起到防御目的。

此外,喷洒一定剂量的防冻液,也能起到防御效果。

12. 大雾及其防御

(1)什么是大雾

雾是指近地层空气中悬浮有大量小水滴,使人的视野模糊不清的天气现象。当水平能见度降到1 000米以下时,就称为雾。

> 在气象学上,雾分为三级,能见度在500~1 000米时为雾,能见度在50~500米时为浓雾,能见度小于50米时称为强浓雾。一般我们所说的大雾,是指能见度不足500米的浓雾和强浓雾天气现象。

(2)雾的危害

大雾属于灾害性天气,许多公路交通、飞行航运等事故就是由于大雾造成的。同时,雾和空气中的污染物质结合在一起还会给人的身体健康带来很大的危害。

(3)如何防御大雾

大雾引发的灾害,一般都与出行或外出活动有关,避免雾灾的根本方法是不出行和避免外出活动。一定要出行时,要注意出行安全,尽量选择有利的户外活动时间。具体来说就是,注意收听收看气象部门发布的大雾预警信息(见附录),选择以下防范措施。

防雾措施

- 浓雾时,尽量不要外出,必须外出时,要戴上口罩,防止吸入有毒气体。
- 尽量少在雾中活动,不要在雾中锻炼身体。
- 行人穿越马路,要注意交通安全,做到一停、二看、三通过。
- 驾驶车辆和骑车要减速慢行,听从交警指挥,乘车(船)不要争先恐后。
- 遇渡轮停航时,不要拥挤在渡口处,以免造成不必要的损失。

13. 霾及其防御

(1)什么是霾

霾又称大气棕色云。在气象学上,霾天气的定义是:悬浮在空中肉眼无法分辨的大量微粒,使水平能见度小于10千米的天气现象。一般会使远处光亮物微带黄、红色,黑暗物微带蓝色。目前,在我国存在着4个霾天气比较严重地区:黄淮海地区、长江河谷、四川盆地和珠江三角洲。

霾和雾的区别

一般来说,当相对湿度大于70%时出现的是"雾",相对湿度小于70%时出现的是"霾"。

霾和雾有一些肉眼看得见的"不一样":雾的颜色是乳白色、青白色,霾则是黄色、橙灰色;雾的边界很清晰,过了"雾区"可能就是晴空万里,但是霾则与周围环境边界不明显,城市化和工业化是霾产生的主要因素。

目前,气象部门对外发布的霾预警信号分为两级,分别以黄色和橙色表示(见附录)。

(2)霾的危害

一是影响身体健康。霾的组成成分非常复杂,包括数百种大气化学颗粒物质。其中有害健康的主要是直径小于10微米①的气溶胶粒子,如矿物颗粒物、海盐、硫酸盐、硝酸盐、有机气溶胶粒子、燃料和汽车废气等,这些粒子能直接进入并黏附在人体呼吸道和肺叶中。尤其是亚微米的粒子会分别沉积于上、下呼吸道和肺泡中,引起鼻炎、支气管炎等病症,长期处于这种环境还会诱发肺癌。霾天气还可导致近地层紫

---

① 微米:长度单位,1微米相当于1米的百万分之一。

外线的减弱,易使空气中的传染性病菌的活性增强,传染病增多。

二是影响心理健康。阴沉的霾天气容易让人产生悲观情绪,使人精神郁闷,遇到不顺心的事情甚至容易失控。

三是影响交通安全。出现霾天气时,能见度低,空气质量差,容易引起交通阻塞,发生交通事故。

(3) 如何防御霾

在中[度]霾天气条件下:应减少不必要的户外活动,适度减少运动量与运动强度,预防呼吸道疾病发生。

在重[度]霾天气条件下:尽量避免户外活动,预防呼吸道疾病发生;能见度低劣时更要注意交通安全。

在霾天气下普通市民应做到:

☞ **老人孩子少出门。** 中等和重度霾天气下,抵抗力弱的老人、儿童以及患有呼吸系统疾病的易感人群,应尽量少出门,或减少户外活动,不得已外出时,要戴口罩。

☞ **行车走路要小心。** 中等和重度霾天气下,能见度较低,视线差,驾车、骑车和步行的人们都应多加小心,特别是通过交叉路口和无人看管的铁道口时,要减速慢行,遵守交通规则。
- **锻炼身体有讲究。**中等和重度霾天气易对人体呼吸系统造成刺激,尤其是在早晨空气质量较差,人们在进行锻炼时容易扭伤身体及诱发心肌梗死和肺心病等。通常来说,若无冷空气活动和雨雪、大风等天气时,锻炼的时间最好选择上午到傍晚前的空气质量好、能见度高的时段进行,地点以树多草多的地方为好,霾天气时也应适度减少运动量与运动强度。

- 另外,在城市规划中,要注意研究城区上升气流到郊区下沉的距离,将污染严重的工业企业布局在下沉距离之外,避免这些工厂排出的污染物从近地面流向城区;应将卫星城建在城市热岛环流之外,以避免相互污染。要充分考虑大气的扩散条件,预留空气通道。增加城市绿地,让城市绿地发挥吸烟除尘、过滤空气及美化环境等环境效益,从而净化城市大气,改善空气质量。

14. 道路结冰及其防御

(1) 什么是道路结冰灾害

> 当路表温度低于0℃,并出现降水,此时一定时间内可能出现对交通有影响的道路结冰气象灾害。

我国气象部门将道路结冰预警信号分三级,分别以黄色、橙色、红色表示(见附录)。

(2) 如何应对道路结冰灾害

外出注意事项

- 行人出门当心路滑跌倒,尽量不要外出,特别是尽量少骑自行车。
- 司机要采取防滑措施(如装防滑链),注意路况,慢速安全驾驶。
- 行人要注意远离或避让机动车和非机动车辆。

> **道路结冰出现意外怎么办**
>
> ☞ 由于道路结冰路滑而跌倒,易导致扭伤或碰伤,这时应去医院治疗。
>
> ☞ 如果有出血现象,应立即用比较清洁的布类包扎伤口止血。
>
> ☞ 如果造成骨折,若无专业救护知识,不要随意移动伤者,应立即与医院联系请求救护,同时注意伤者的保暖。

15. 龙卷风及其防御

(1)什么是龙卷风

龙卷风是从强对流积雨云中冲向地面的小范围强烈旋风。它的上端与积雨云相接,下端有的悬在半空中,有的直接延伸到地面或水面,一面反时针旋转,一面向前移动。出现在陆地上的龙卷风为陆龙卷,出现在海上的为水龙卷。

龙卷风出现时,往往有一个或数个如同"象鼻子"样的漏斗状云柱从云底向下伸展,同时伴有狂风暴雨、雷电或冰雹。龙卷风经过水面,能吸水上升,形成水柱,同云相接,俗称"龙吸水"。龙卷风经过陆地,常会卷倒房屋,吹折电杆,甚至把人、畜和杂物吸卷到空中,带往它处。

(2)龙卷风的特点及危害

☞ 龙卷风常在夏季的雷雨天气时发生,尤以下午至傍晚最为多见。

☞ 龙卷风的袭击范围小,其直径一般在十几米到数百米之间。

☞ 龙卷风的持续时间往往只有几分钟到几十分钟,最多不超过1小时。

☞ 龙卷风出现的随机性大,仅仅靠常规的气象监测手段很难预报。

☞ 龙卷风的风力特别大、破坏力极强。在龙卷风中心附近的风速可达100~200米/秒。龙卷风经过的地方,常会发生拔起大树、掀翻车辆、摧毁建筑物等现象,有时还会把人吸走。

(3) 如何躲避龙卷风

- 遇到龙卷风时,一定要积极想办法躲避,切莫惊慌失措。
- 在野外遭遇龙卷风时,要快跑,但不要乱跑。应以最快的速度朝与龙卷风前进路线垂直的方向逃离。来不及逃离的,要迅速找一个低洼地趴下。正确的姿势是:脸朝下,闭上嘴巴和眼睛,用双手、双臂保护住头部。
- 驾车或乘车时遇龙卷风应立即离开汽车,寻找低洼处躲避。
- 遇到龙卷风时,一定要远离大树、电线杆、简易房等,以免被砸、被压或触电。
- 在电线杆或房屋已倒塌的紧急情况下,要尽可能切断电源,以防触电或引起火灾。
- 躲避龙卷风最安全的地方是混凝土建筑的地下室或半地下室,简易住房很不安全。注意:千万不要待在楼顶上。
- 如果人在室内,要避开窗户、门和房子的外墙,躲到与龙卷风前进方向相反的小房间内抱头蹲下。同时,用厚实的床垫或毯子罩在身上,以防被掉落的东西砸伤。

16. 泥石流及其防御

(1)什么是泥石流

> 泥石流是山区沟谷或斜坡上由暴雨、冰雪消融等引发的含有大量泥沙、石块、巨石的特殊洪流。

泥石流常与山洪相伴,其来势凶猛,在极短时间内,大量泥石横冲直撞,冲出沟外,并在沟口堆积起来。泥石流的破坏性极其强大,能冲毁道路,堵塞河道,甚至顷刻间淤埋村庄、城镇,给人民生命财产和经济建设带来极大危害。例如,1970年南美秘鲁的安第斯山发生冰川泥石流,将3 000多万立方米的冰雪泥石冲入容加依城,顷刻间全城被彻底摧毁,3万居民全部遇难。

(2)泥石流发生前兆是什么

泥石流是水与泥沙、石块相混合的流动体,由于其内含有大量的固体碎屑物,因此其运动过程就将产生巨大的动能,而不同于一般洪水,泥石流发生时常有一些特有的现象出现,如短暂的断流现象与巨大的轰鸣声。很多泥石流在暴发之初,常可听到由沟内传出的犹如火车轰鸣或响雷声,地面也会发生轻微震动;有时在响声之前,原在沟槽中流动的水体突然会出现片刻断流。随着响声增大,泥石流便似狼烟扑滚而来。所以,出现断流、响声等现象时,已经预告了泥石流的发生。

如何判断泥石流的发生与否?

除根据当地降雨情况来估测泥石流暴发的可能性外,还可通过一些特有现象来判断泥石流是否发生,以便采取快速、正确的自救方法。

☞ 一看:当发现河(沟)床中正常流水突然断流,或洪水突然增大并夹有较多的柴草、树木时,都可确认河(沟)上游已形成泥石流。

☞ 二听:仔细倾听是否有从深谷或沟内传来的类似火车轰鸣声或闷雷式的声音,如听到这种声音,哪怕极其微弱也应认定泥石流正在形成,此时必须迅速离开危险地段。

☞ 三是看听结合:沟谷深处变得昏暗并伴有轰鸣声或轻微的震动感,则说明沟谷上游已发生泥石流。

(3)如何防御泥石流的危害

虽然泥石流防不胜防,但是人们还是有办法在泥石流发生时,尽量避免或减轻其危害。

选择良好的居住地,建造抗灾度高的房子

选择居住地时,尽量考虑预防泥石流灾害的威胁。若居住环境受限,应在查明泥石流沟谷及其危害状况的情况下,再建造房屋,尽量避开泥石流可能造成直接危害的地区与地段,如泥石流沟的中、上游段及沟口,主支沟交汇部的低平地,靠近河床的低缓阶地或坡脚处,河道弯道外侧等。当实在无法避开时,应认真考虑修建防护工程或采取其他措施防御。同时,也要尽量修建抗震级别高的房子,如果经济条件允许,最好修建砖房或水泥框架房。

修建一些预防泥石流的工程设施

例如护坡、挡墙、顺坝、丁坝等工程,起到防护、排导、拦挡及跨越等作用,保护危害对象免遭破坏。修建必要的排泄沟、导流堤、急流槽、渡槽等,用以改善泥石流的流向与流速。修建拦沙坝、储淤场、截流工程等控制拦截下泄物,削弱泥石流冲击能量等,也能减轻泥石流的危害。

杜绝麻痹大意

具有阵流的黏性泥石流,在其阵流间隙,有时会被误认为泥石流结束。因此,只有当确认泥石流不会发生或泥石流已全部结束时才能解除警报,切忌存在侥幸心理。

及时采取措施减轻危害

- 当出现泥石流体堵塞河流,形成堵坝时,应尽快采取毁"坝"措施,使上游水体尽快下泄,避免发生次生灾害——洪水。同时,通知上、下游受害的地区,做好防灾避险。
- 当公路、铁路、桥梁被冲毁后,应及时采取措施,阻止车辆通行,以免造成人员伤亡。

植树造林

植树造林是一项长期的有助于减缓泥石流形成,从源头防御泥石流危害的治理性手段。主要方法是封山育林、停耕还林、固结表土、保持水土,降低泥石流发生几率与规模。

此外,汛期里人们要特别注意:

在暴雨来临之时,人们要以预防为主。泥石流多发生在夏季汛期暴雨频发期间,人们要注意收听收看当地天气预报,关注地质灾害预警信息,在大雨天或连续阴雨数日后,要保持高度警觉,最好选择附近安全的地带修建临时避险棚。如较高的基岩台地、低缓山梁上等。切忌建在沟床岸边,较低的阶地、台地及坡脚,河道拐弯的凹岸或凸岸的下游端边缘。由于泥石流常滞后于大雨而发生,因此,长时间降雨或暴雨渐小后或刚停,不应马上返回危险区。若白天降雨量较多,夜晚必须密切注意降雨情况,最好提前转移,不能存在侥幸心理在室内就寝。

17. 突发气象灾害现场如何应急

(1)突遇山洪暴发如何避险

首先,迅速判断现场环境,快速离开低洼地带,选择有利地形躲避。

忌:沟道内避雨、顺沟道向下游跑。

其次,不断发出救援信号。被山洪困在山中,要选一高处平地或山洞等离行洪道远的地方休息,用通信工具发出求救信号,等待救援。无通信工具的,可寻找一些树枝和其他可燃物点燃,同时在火堆旁放一些湿树枝或青草,使火堆升起大量浓烟,以引起搜救人的注意。

再者,山洪暴发前后不要轻易涉水过河。确要过河,如有绳子则一手拉绳,无绳时则要手持竹棍或木棒,试探过河。

(2)平原农区突遇洪水如何避险

- 保持镇定情绪,选择路标转移避难。
- 判断洪水先淹何处、后淹何处,选择最佳路线,避免出现"人到洪水到"的被动局面。
- 当洪水已来,要立即登上屋顶、大树、高墙,暂时避险,等待援救。

切忌:爬到泥坯墙屋顶、电线杆上避险。

(3)行车旅游遇到暴雨怎么办

- 如果是在行车中遇到暴雨,车辆应躲在安全的地方,停止行驶。因为在雨中和雨后一段时间内,特别容易发生路基塌陷,这时确有急事需要行车,一定要注意观察路况和山体情况,车辆尽量在道路的外侧行驶,避免山体滑坡时砸伤车辆。

☞ 遇有山石塌落路上,不要贸然通过,更不要在情况不明时自行清理路障,以避免后续的山石滑落造成伤害。

☞ 如道路已被阻断,应将车辆停放在安全地区,并向道路主管部门报告情况。

☞ 车辆和行人在汛期过漫水桥时,要特别注意安全通过。

(4)突遇暴雨引发的山体滑坡灾害怎么办

山体滑坡是指斜坡上的土体、岩石等物质受洪水冲刷等影响,整体或分散地顺坡下滑。滑坡大多数在暴雨或人类活动后突然发生,发生时会使山体、植被和建筑物失去原有的面貌,可能造成严重的人员伤亡和财产损失。

- 遇到滑坡灾害时,首先应保持冷静,不能慌乱。慌乱不仅浪费时间,而且极有可能做出错误的决定。
- 当正处在滑坡体上,感到地面有变动时,要环顾四周,立即离开,并向安全地段转移。一般除遭遇到高速滑坡外,只要行动迅速,都有可能跑离危险区段。
- 跑离时,用最快的速度向两侧稳定地区逃离。在向下滑动的山坡中,向上或向下跑都是很危险的。
- 当处于滑坡体中部或者遇到高速滑坡时,更不能慌乱,可找一块坡度较缓的开阔地停留,但一定不要和房屋、围墙、电线杆等靠得太近。
- 在一定条件下,如滑坡呈整体滑动时,可原地不动,或抱住大树等物,不失为一种有效的自救措施。
- 当处于滑坡体前沿或者崩塌体下方时,只能向两边逃生。
- 行人和车辆不要进入或通过有警示标志的滑坡危险区。

- 当处于非滑坡区发现可疑的滑坡活动时，应立即报告邻近的村、乡、县等有关部门。
- 政府部门应立即组织群众撤离危险区及可能的影响区。通知邻近的河谷、山沟中的人们做好撤离准备，密切注视灾情的蔓延和转化。

此外，掌握一些判断山体滑坡的前兆知识：

- 大滑动之前，在滑坡前缘坡脚处，有堵塞多年的泉水复活现象，或者出现泉水（水井）突然干枯、井（钻孔）水位突变等类似的异常现象。

- 在滑坡体中部、前部出现横向及纵向放射状裂缝。它反映了滑坡体向前推挤并受到阻碍，已进入临滑状态。

- 大滑动之前，在滑坡体前缘坡脚处，土体出现上隆（凸起）现象。这是滑坡向前推挤的明显迹象。

- 大滑动之前，有岩石开裂或被剪切挤压的音响。这种迹象反映了深部变形与破裂。动物对此十分敏感，有异常反应。

- 临滑之前，滑坡体四周岩体（土体）会出现小型坍塌和松弛现象。

- 如果在滑坡体上有长期位移观测资料，那么大滑动之前,无论是水平位移量还是垂直位移量,均会出现加速变化的趋势,这是明显的临滑迹象。

☞ 滑坡后缘的裂缝急剧扩展,并从裂缝中冒出热气(或冷风)。

☞ 动物惊恐异常,植物变态。如猪、狗、牛惊恐不宁,不入睡;老鼠乱窜不进洞;树木枯萎或歪斜等。

(5)被雷电灼伤如何急救

雷电伤害人体主要有三种类型:

一是强大的闪电脉冲电流通过心脏时,受害者会出现血管痉挛、心搏停止,严重时会出现心室纤维颤动,使心脏供血功能发生障碍或心脏停止跳动。

二是当雷电流伤害大脑呼吸中枢时,使受害者停止呼吸。

三是当强大的电流通过机体时会造成电灼伤或肌肉闪电性麻痹,严重者导致死亡。

雷击电灼伤人体的通常症状是电流的热效应引起电灼伤和电休克,如神志丧失、头晕、恶心、心悸、耳鸣、乏力等现象出现,重者可发生呼吸、心跳骤停,以及以后可能会出现的白内障及神经系统的损伤等。

雷电灼伤急救要点

- 如果遭受雷击者衣服着火,可往其身上泼水,或者用厚外衣、毯子将其身体裹住以扑灭火焰。着火者切勿因惊慌而奔跑,可在地上翻滚以扑灭火焰,或趴在有水的洼地、池中熄灭火焰。

- 注意观察遭受雷击者有无意识丧失和呼吸、心跳骤停的现象,若有,则先做心肺复苏抢救,如迅速果断地交替进行口对口人工呼吸和心脏按压,然后再处理电灼创面。

- 电灼伤表面的处理:用冷水冷却伤处,然后盖上敷料。例如,用折好的干净手帕盖在伤口上,再用干净布块包扎。若无敷料,可用清洁床单、被单、衣服等包裹伤处后转送医院。

- 原则上转送当地医院。如当地无条件治疗需要转送者,应掌握运送时机:要求呼吸道通畅,无活动性出血,休克基本得到控制。转运途中要注意减少颠簸并要输液,且采取抗休克措施。

(6)高温中暑了怎么办

如果出现中暑,症状严重,应立即拨打120求助。在专业急救人员到来之前,现场第一目击者应该给予中暑者适当的紧急处置。

- ☞ 立即将病人移到通风、阴凉、干燥的地方,如走廊、树荫下。
- ☞ 让病人仰卧,解开衣扣,脱去或松开衣服。如衣服被汗水湿透,应更换干衣服,同时开电扇或开空调,以尽快散热。
- ☞ 尽快冷却体温,降至38℃以下。具体做法是用凉湿毛巾冷敷头部、腋下以及腹股沟等处;用温水或酒精进行全身擦拭;冷水浸浴15~30分钟。
- ☞ 意识清醒的病人或经过降温清醒的病人可饮服绿豆汤、淡盐水等解暑。
- ☞ 给中暑者服食人丹和藿香正气水。

18. 应对自然灾害时重要救护群体如何救护

所谓重要救护群体,是指在自然灾害中最束手无策、最无力、最容易受到伤害的人群。他们包括:婴幼儿(0~3岁)、少年儿童(4~16岁)、老人、孕妇和哺乳期妇女、女性周期性体征来临者、病人、受伤者、残疾人、特殊工作人群。

(1)自救原则

人类应对自然灾害,可分为三个层次:政府救援、社群救援和没有支援下的个体自救。弱势群体一旦独自面对灾害,必要的自救至关重要。

个体自救原则包括:
- 每个家庭都应该有个工具箱、急救包,配备常用药品和工具。
- 在任何灾害发生时,保住性命、撤离危险地带是第一位的。
- 除了生命安全之外,要特别关心特殊群体的心理健康。
- 特殊群体应尽早转移到安全地带,并配备护理人员。
- 救人时遵循先救身边人、先救容易救的人的原则。
- 个人逃生时,脱掉容易被挂住的衣服。
- 在野外陷入险境,先判断方位、方向;扎紧领袖裤脚口,防虫叮咬。

- 若遇到有人昏倒,不要惊慌,一般一会儿便会苏醒,可喝些热水姜汤,注意休息。
- 灾害过后,死去的动物要火化,防止腐烂污染水源。

建议自然村、社区成立救灾小组,由健康青壮年组成,负责转移安置本区域特殊群体。

(2)婴幼儿的救护

- 幼儿身体组织非常脆弱,整体感官判断能力差,应处在大人的可控范围之内,这是不可动摇的首要原则。
- 初生婴儿只能用鼻子呼吸,因此要防止异物堵塞他们的鼻孔,确保呼吸畅通。清除鼻孔中异物的办法是:准备一根多重线头的细线、胶水;先把细线的一头散开,蘸上胶水,然后将蘸有胶水的一端轻轻送进鼻孔,使其紧靠异物,等到细线粘紧异物后,慢慢拖出。
- 幼儿喜欢把拿到手的物品放到嘴里,因此,有幼儿的家庭,在避灾过程中,在孩子触手可及的地方不要随手放置危险小物品,如硬币、钢珠、刀片、老鼠药等。

- 幼儿皮肤、血管都很嫩,大人随身带孩子避险时,尽量使用柔软的宽布揽住孩子的腰和颈部,不要捆绑太紧,忌用细绳裹勒。
- 大人忙于逃离或转移时,同龄婴儿可集中照管,至少确保每两名幼儿有一位正常成年人照管。
- 避险转移过程中,可用棉球塞住幼儿耳朵,尽量哄小孩睡觉;遇到他们哭闹不止,在确保大人、孩子安全的情况下,可以喂奶安慰。
- 在汽车上转移时,要防止小孩晕车,不要让小孩吃得太饱。幼儿晕车的症状是:烦躁哭闹、恶心呕吐、出汗乱抓等。发现小孩晕车,可以适当用力按压他的合谷穴(大拇指和食指中间的虎口处);用大拇指掐压内关穴也可以减轻晕车症状。随身携带纸巾,以备小孩呕吐后擦拭。呕吐后让他喝些饮料,除去口中呕吐物的味道。晕车严重的孩子,乘车前最好口服晕车药,剂量一定要按医嘱服用,1岁以内的婴儿不能服晕车药。带有小孩的人,应尽量坐在汽车前面,防止颠簸过大。
- 在暴雨中徒步转移时,大人背着小孩,要给小孩盖上防雨隔膜,透气口朝下,防止窒息和进水。若大人跌倒,爬起来后要重新检查小孩是否安全。一旦衣服进水,要尽早把水挤干,慎防小孩感冒。
- 在大风特别是寒风中避险转移时,要给小孩穿戴厚实,留个出气孔即可;小孩受冷,容易尿裤子,换尿布必须在安全暖和的地方。
- 在水中避险转移时,大人平衡感较差,可以把小孩包好,放在浮力较大的水盆中,大人一手掌握平衡,一手抓紧水盆。
- 缺乏强壮人员救护的小孩,最好是先把小孩固定到相对安全的位置,等待救援。
- 幼儿中最怕冷的是早产儿和营养不良患儿,在寒潮来临时,要给小孩多穿衣服,防止感冒;酷暑难当的时候,要防止小孩在烈日下暴晒。
- 幼儿的皮肤非常嫩,受到刺激会发痒,在大风、寒潮、洪水等天气状况下,要给孩子

> 穿好衣服；夏天，要防止蚊虫叮咬；婴儿的头部非常柔软，要避免震动，以防脑震荡。
> ☞ 为避免在转移过程中被异物砸伤、刺伤、割伤，大人应尽量把小孩放在胸前，而不是背后。
> ☞ 幼儿生病，一定要找医生，不可随便服药。

(3) 少年儿童的救护

主要是 4~16 岁的少年儿童，包括幼儿园、中小学学生。

> ☞ 严禁任何组织和个人鼓励此年龄段的孩子在灾害面前充当英雄，进入危险区域帮助成人完成救灾和避险的协助工作。
> ☞ 家庭、学校应对儿童进行经常性的安全常识教育。要让儿童能听懂各种警报，学会拨打呼救电话，熟悉 110,119,120 以及亲人电话号码等。
> ☞ 没有声音警报、没有电话的地方，一旦遇到险情，应敲响身边能发出最大声音的物体。

- 灾难中,最重要的是保护好自己的脑袋、腹部,一旦这些部位受伤,要马上进行治疗。
- 台风中,千万不要去触摸玻璃,防止玻璃破碎,扎伤身体;也不要去搬动异物;在室外应尽快回到安全的室内;在户外不要打伞,下雨时可以以雨衣代替。
- 暴雨中,山区、丘陵地带、大河附近的儿童不要外出;如果在路上,要就近找人家避险;实在找不到,也不要到石洞、简易棚屋等地躲雨,以防压伤;应裹紧身体,防止散热过多。
- 雷电中,应远离一切金属、电器,并放低身体;在户外,不要到空旷郊外、山坡和高大的树木、建筑物下。此时,切记不能打电话。
- 高温和寒冷等天气中,儿童发病率也会提高,应及时补充水分和营养,增强抵抗力。
- 少年儿童要养成外出前向大人说明去向的习惯。外出前,即使孩子结伴外出,也须有成人陪同。

- 重大灾害面前,学校一般停课,少年儿童最好待在家里。
- 学生在学校遇到突发灾害,不要惊慌失措,应有秩序地撤离危险地带,防止踩死踩伤,谨慎对待跳楼;一旦发生人命,应先保活人,再处理后事。
- 若遇到有儿童遇险,能救则救,否则立即向周围大人呼救,向家长、老师报告。
- 学校应做好常规安全检查,对周边地质状况了如指掌。当学校发生危险时,家长不要涌进学校,应确保学校有秩序地化解危险。在校住宿的学生,学校要对突发天气进行预报;深夜遇到台风、暴雨、地震等突发灾害,不要贪睡,要做好准备,随时转移。
- 灾害过后,是次生灾害严重的时期,少年儿童不要在高坝、巨石、陡坡下面玩耍。下大雨时,不要到河边行走,不要玩水、游泳;回家途中,宜结伴而行,手拉手以平稳重心;如果路上遇到桥、路被洪水冲断,千万不要踏水过去,要么到安全地带等待救

- 援,要么舍近求远,走最安全的路回家。
- 农村没有上幼儿园的小孩,大人平时就要告诉孩子,不要到可能发生危险的地方玩耍,发生灾害时,必须和大人在一起。
- 在城镇,遭遇大风天气时,有高楼、大树的地方,要防范高空坠物。必要时,要寻找可以防护头部的东西戴在头上。没头盔的贫困地区孩子以及山区孩子,主要防止大风携裹物的袭击,以及山坡滚落的石块。
- 在暴雨大风天气,家庭人员集中房间的房顶,不要悬挂刀具、致命性尖锐物品、大重量物品以及容易脱落的玻璃等易碎品。

(4)孕妇和哺乳期妇女的救护

- 震动、颠簸容易导致流产、早产,在避险转移过程中,孕妇动作要平缓,力戒撞击、挤压;有流产史的孕妇更应避免大幅震动。
- 不可避免的剧烈运动后,一旦出现流产征兆,如阵发性下腹剧痛、伴出血增多等,应保持冷静,立即请医生帮助;如果遇到有血块流出,先用干净的袋子包住,然后立即到附近医院。

☙ 临产孕妇的家属应做好早产的相应准备。在农村,孕妇及其家属要记住接生员的联系方式,提前和接生员打好招呼;最好知晓相应的接生方法,以防万一找不到接生员。

☙ 孕妇子宫每10分钟左右收缩一次的时候,表示即将分娩,应尽快准备接生。

☙ 在没有接生员的情况下,助产人应注意:诱导产妇慢慢屏气、使劲;婴儿头部露出时,用双手托住头部,千万不要硬拉或者扭动;高兴地告诉产妇生产情况,让产妇宽慰;当婴儿肩部露出时,用双手托着头和身体,慢慢向外提出;等待胎盘自然娩出。

☙ 紧急情况下的户外接生,应确保有一个清洁的环境,防止感染。

☙ 孕妇身体较热,高温天气时应尽量待在阴凉的地方,防止中暑、感冒。病毒性感染、发热性传染病容易导致胎儿畸形。
- 孕妇在洪水中转移时,一定要有青壮年陪伴;一旦污水进入阴道,事后应尽快用高锰酸钾兑清水(微量,以 0.125% 为宜)清洗。
- 在暴雨、大风天气中,要多穿些衣服;徒步转移时,要用宽厚的棉布护住盆腔和腹部。
- 孕妇应谨慎服用药物,晕车药、止痛药等刺激性药物对宝宝也有一定的副作用。避免饮用不干净的水,防止蛔虫病、呕吐等症。
- 在避险过程中,难免把身体弄脏,又缺乏净水清洗,哺乳期妇女要想方设法确保乳头清洁(可用清洁纸巾、毛巾拭擦等),以防感染,危及母子(女)身体健康。
- 灾害下最糟糕、最忧伤,也是最必要的应对措施:无法保证孩子和母亲共同安全的情况下,视灾害持续情况和烈度而定,以保证成人安全和生命为主要原则。

(5)病人的救护

除具有拨打120电话的救护知识外,还要掌握以下几点:

- 尽量让病人远离灾害,是首要原则。卧床病人应尽早转移,尚能行走的病人也要做好转移准备。
- 气温突然下降时,容易引起冠心病人的心肌梗死,猝死机会增多,因此,要注意保暖。
- 寒潮会诱发哮喘病、支气管炎、风湿病、脑震荡后遗症、肠胃溃疡等病,加快重病、痼疾患者的死亡过程,因此,要注意保暖。
- 寒潮容易诱发冻疮、脚气、癣症等皮肤病,一旦出现此类症状,可在温水中加少许食盐清洗,并用适用的药物涂抹。
- 高温、干旱天气,病人要待在阴凉的地方,并及时补充水分。
- 在搬运病人时,最危险的方式是背或者抱,这容易压迫心、肺,引起呼吸困难和血压波动。一般要使用担架搬运,或者用木椅、藤椅让病人正面坐着,椅背略向后倾,两人在前面抬椅脚,一人在后面抬椅背。对于神志不清的病人,要将其固定在座位上,以防跌下。

(6) 残疾人的救护

主要是指聋、哑、盲、肢体残疾等人。

- ☞ 残疾人尽可能准备的工具:夺人耳目的铃铛、色彩鲜艳的衣服、救生衣、绳子、反光镜。
- ☞ 在自然灾害来临时,正常人应给予残疾人更多的帮助;有预报的灾害发生前,应动员、帮助残疾人转移到安全地带。
- ☞ 残疾人应配备联系卡片,在卡片上写清楚本人的姓名、年龄、病症、病史、亲人联系方式等。此卡片简单易做,用处很大,可以方便救援者找到熟悉他们的人、了解他们的基本情况。残疾人较多的家庭,必须更加留心各种预报,尽早寻求帮助;若无人照料,一旦发生险情,只有依靠本能和直觉,赶紧躲避、逃生;一旦陷入绝境,调整好心态,争取救援,同时尽量保存体力。

- 在晚上,聋哑人可借助手电筒发光来呼救,盲人则尽管大声呼救,均可借助敲打锣鼓等引起注意。
- 聋哑人要注意观察身边发生的蛛丝马迹的变化,看到人群大范围移动,先跟上去再说。
- 民居比较分散的农村,在台风、洪水、地震等突发灾害来临时,他人的救援不够及时时,残疾人自救方法有:洪水中,无法以最快速度转移时,尽可能用有适度长度的绳索或固定物,将自己固定在高处,以待救援;台风中无法转移时,用有适度长度的绳索或固定物,将自己固定在安全之处,以待救援或规避台风;地震中不能及时转移到室外空地时,在室内最坚固的床底、桌子、卫生间等处暂时躲避,等待救援。如果有人来救援,但不能及时将残疾人转移,也可以采用这类办法先提高残疾人生存下去的可能性。

- 依靠轮椅、拐杖行动的残疾人,在避险转移中,应有人陪同,切忌单独行动;在危险地带,可将轮椅固定到周围的物体上;雷电时,这类人千万不要出门行动。
- 残疾人在接受救援时,不要死死抱住救援者,以免束缚了别人的手脚,耽误救援。虽然此时可能难以保持理性,但还是要提醒一下,抱得太死可能加重双方的危险。

(7) 老年人的救护

主要指60岁以上的人。

- 老人身体机能变弱,不能很好地适应气温的变化。高温时要多喝水防中暑,气温突然下降时要保暖防感冒,冬天晚上要有贴身的热水袋,出门要戴帽子。
- 老人肠胃系统较弱,容易营养不良,要多吃豆类,有条件的可以吃些营养补充剂。
- 老人体质较差,一旦被洪水围困或被重物压住,应保持体力,减少蛮干,积极等待救援。

☞ 视力、听力较差及行动不便的老人,可随身携带铃铛,遇险时急摇。

☞ 拄拐杖的老人,在大风、暴雨、地震中徒步转移时不要扔掉拐杖。

☞ 卧床的老人,在寒潮、大风、地震来临时,一旦不能及时转移,就用厚厚的棉被有规则地盖住身体,谨防被坠落物砸伤。

☞ 转移卧床老人时,最好使用轮椅、担架,农村可使用竹榻或长而结实的木板等,主要是确保老人身体不受挤压。

☞ 依然健壮的老人,不要以为见多识广,不把灾害当回事,也要积极避险。

☞ 有条件的村庄,应为每个老人制作老人联系卡片,在卡片上写明老人姓名、住址、病史、身体状况、扶养人和医生联系方式,让老人随身携带,以防危急时刻老人表达不畅,耽误救援。

☞ 在灾害中,尽量穿上红、黄等明亮色彩的衣服,以吸引他人注意,方便救援。

☞ 难免碰到百年不遇的灾害,有些场面是第一次见到,旁人要注意老人心态变化,防止惊吓过度。
- 老年人对死亡非常敏感,灾后要帮助老年人抚平心理创伤,以平常心应对。
- 濒死老人的家属要有心理准备,万一在灾害发生、救援过程中老人死亡,要在先保活人的前提下处理后事。

19. 其他

(1)我国有哪些主要气象灾害

我国地处东亚季风区,天气气候复杂,是世界上受气象灾害影响最严重的国家之一。我国气象灾害种类繁多,时空分布极广,且很不均匀,不仅包括台风、暴雨、冰雹、寒潮、大风、暴风雪、沙尘暴、雷暴、浓雾等天气灾害,还包括干旱、洪涝、冷害、雪灾、持续高温、海平面上升、沙漠化等气候灾害,山体滑坡、泥石流、病虫害等气象次生灾害也时常发生。

(2)我国重大气象灾害的五大特征是什么

☞ **灾害破坏力强**。在我国,各种气象灾害造成的生命和财产损失十分严重。粮食损失占所有自然灾害所造成粮食损失的97%左右,直接经济损失占总经济损失的76%以上。气象灾害所造成的人员伤亡也十分可观。1860—1960年间,我国约有500万人在暴雨洪涝中丧生。1937年9月20日袭击香港的台风造成了1.1万人死亡。1975年8月,河南南部遭洪水袭击,数万人瞬间遇难。2004年8月12日在浙江省温岭市登陆的第14号台风"云娜",是1956年"8·1"台风之后48年中登陆浙江最强的台风,也是1996年第15号台风登陆广东之后8年内登陆我国大陆最强的台风。"云娜"台风造成1 800多万人受灾,183人死亡,9人失踪,农作物受灾面积74万公顷,直接经济损失201亿元,其中浙江省受灾最为严重。

☞ **灾害持续时间长、群发性突出**。我国旱、涝等灾害持续性特征很明显。干旱往往持续数月,甚至数年;严重的洪涝可持续一周、半月、甚至数月;深入内陆的台风一般也可造成一两天,最长可达四五天的影响。另外,常常在同一时间段内出现多种气象灾害。例如在冷锋影响下,会同时发生暴雨(可以引发泥石流、滑坡、塌方)、冰雹、龙卷风和雷暴大风,台风系统常常带来暴雨、大风、风暴潮、狂浪,甚至龙卷风等灾害。气象灾害的群发性十分突出。

☞ **灾害的区域性明显**。气象灾害具有明显的区域性特征。我国西北地区及内蒙古、西藏、四川3省(自治区)西部属干燥的大陆性气候,常年干旱,冬季冻害较重。青藏高原是我国降雹最多的地区,南疆和内蒙古、甘肃两省(自治区)西部沙尘暴发生最频繁。东北、华北、西北东部及黄淮北部一带,干旱和霜冻发生较为频繁。江淮、江南、华南是我国暴雨洪涝、台风灾害最为严重的地区,也是雷雨大风、龙卷风等灾害性天气多发区。西南中东部一带地形复杂,干旱,暴雨及其引发的泥石流、崩塌、滑坡,冰雹,低温阴雨等灾害发生频繁。

☞ **灾害发生频率高、季节性强**。气象灾害是所有自然灾害中发生频率最高的灾害。我国每年较大范围的旱灾为7.5次、涝灾为5.8次,登陆台风(含热带风暴)为6.9个。黄淮海地区几乎每年都会不同程度地出现干旱,每3年出现一次较重的旱灾。淮河、秦岭以南地区,每年也都不同程度地出现洪涝灾害,华南地区平均3年出现1~2次,江南北部至江淮地区平均2~3年就要出现一次较严重的暴雨洪涝灾害。

由于我国大部分地区属季风性气候,因此气象灾害具有明显的季节性。春季以干旱、沙尘暴、寒潮、雪害、低温连阴雨等灾害为主;夏季暴雨洪涝、台风、干旱、冰雹、雷暴、干热风等灾害影响最大;秋季主要灾害有台风、干旱、冷害、连阴雨和霜冻等;冬季主要有寒潮、大风、雪害、冻害等。而对国民经济影响严重的气象灾害如暴雨洪涝、台风等多发生在每年的5—9月。

(3)我国规定了哪些气象灾害预警信号

为规范气象灾害预警信号发布与传播工作,增强全民防灾减灾意识,减轻或避免气象灾害损失,中国气象局于2007年6月12日起正式施行的《气象灾害预警信号发布与传播办法》规定:我国各类气象灾害预警信号由名称、图标、标准和防御指南组成。

目前,我国规定的气象灾害预警信号具体分为:台风、暴雨、暴雪、寒潮、大风、沙尘暴、高温、干旱、雷电、冰雹、霜冻、大雾、霾、道路结冰等14类。

(4)如何识别气象灾害预警信号

目前,我国规定的气象灾害预警信号的级别,依据气象灾害可能造成的危害程度、紧急程度和发展态势,一般划分为四级:

Ⅳ级(一般)、Ⅲ级(较重)、Ⅱ级(严重)、Ⅰ级(特别严重)。

对这四个级别依次用蓝色、黄色、橙色和红色表示,同时以中英文标识。

具体预警信号图标与标准详见附录。

(5)从哪些渠道可以获悉气象灾害预警信息

☞ 通过电视、广播、报纸、手机短信等途径获取预警信息。

☞ 登陆气象网站,如 www.cma.gov.cn,www.tq121.com.cn 及当地专业气象网站获取信息。

☞ 拨打电话 12121,96121 或向当地气象台咨询。

附录：

我国发布的气象灾害预警信号名称、图标和标准

1. 台风预警信号

台风预警信号分四级，分别以蓝色、黄色、橙色、红色表示。

☞ 台风蓝色预警信号

标准：24小时内可能或者已经受热带气旋影响，沿海或者陆地平均风力达6级以上，或者阵风8级以上并可能持续。

☞ 台风黄色预警信号

标准：24小时内可能或者已经受热带气旋影响，沿海或者陆地平均风力达8级以上，或者阵风10级以上并可能持续。

☞ 台风橙色预警信号

标准：12小时内可能或者已经受热带气旋影响，沿海或者陆地平均风力达10级以上，或者阵风12级以上并可能持续。

☞ 台风红色预警信号

标准：6小时内可能或者已经受热带气旋影响，沿海或者陆地平均风力达12级以上，或者阵风达14级以上并可能持续。

2. 暴雨预警信号

暴雨预警信号分四级，分别以蓝色、黄色、橙色、红色表示。

☞ 暴雨蓝色预警信号
标准:12 小时内降雨量将达 50 毫米以上,或者已达 50 毫米以上且降雨可能持续。

☞ 暴雨黄色预警信号
标准:6 小时内降雨量将达 50 毫米以上,或者已达 50 毫米以上且降雨可能持续。

☞ 暴雨橙色预警信号
标准:3 小时内降雨量将达 50 毫米以上,或者已达 50 毫米以上且降雨可能持续。

☞ 暴雨红色预警信号
标准:3 小时内降雨量将达 100 毫米以上,或者已达 100 毫米以上且降雨可能持续。

3. 暴雪预警信号

暴雪预警信号分四级,分别以蓝色、黄色、橙色、红色表示。

☞ 暴雪蓝色预警信号
标准:12 小时内降雪量将达 4 毫米以上,或者已达 4 毫米以上且降雪持续,可能对交通或者农牧业有影响。

☞ 暴雪黄色预警信号
标准:12 小时内降雪量将达 6 毫米以上,或者已达 6 毫米以上且降雪持续,可能对交通或者农牧业有影响。

☞ 暴雪橙色预警信号
标准:6 小时内降雪量将达 10 毫米以上,或者已达 10 毫米以上且降雪持续,可能或者已经对交通或者农牧业有较大影响。

☞ 暴雪红色预警信号

标准：6小时内降雪量将达15毫米以上，或者已达15毫米以上且降雪持续，可能或者已经对交通或者农牧业有较大影响。

4. 寒潮预警信号

寒潮预警信号分四级，分别以蓝色、黄色、橙色、红色表示。

☞ 寒潮蓝色预警信号

标准：48小时内最低气温将要下降8℃以上，最低气温小于等于4℃，陆地平均风力可达5级以上；或者已经下降8℃以上，最低气温小于等于4℃，平均风力达5级以上，并可能持续。

☞ 寒潮黄色预警信号

标准：24小时内最低气温将要下降10℃以上，最低气温小于等于4℃，陆地平均风力可达6级以上；或者已经下降10℃以上，最低气温小于等于4℃，平均风力达6级以上，并可能持续。

☞ 寒潮橙色预警信号

标准：24小时内最低气温将要下降12℃以上，最低气温小于等于0℃，陆地平均风力可达6级以上；或者已经下降12℃以上，最低气温小于等于0℃，平均风力达6级以上，并可能持续。

☞ 寒潮红色预警信号

标准：24小时内最低气温将要下降16℃以上，最低气温小于等于0℃，陆地平均风力可达6级以上；或者已经下降16℃以上，最低气温小于等于0℃，平均风力达6级以上，并可能持续。

5. 大风预警信号

大风(除台风外)预警信号分四级,分别以蓝色、黄色、橙色、红色表示。

☞ 大风蓝色预警信号

标准:24小时内可能受大风影响,平均风力可达6级以上,或者阵风7级以上;或者已经受大风影响,平均风力为6~7级,或者阵风7~8级并可能持续。

☞ 大风黄色预警信号

标准:12小时内可能受大风影响,平均风力可达8级以上,或者阵风9级以上;或者已经受大风影响,平均风力为8~9级,或者阵风9~10级并可能持续。

☞ 大风橙色预警信号

标准:6小时内可能受大风影响,平均风力可达10级以上,或者阵风11级以上;或者已经受大风影响,平均风力为10~11级,或者阵风11~12级并可能持续。

☞ 大风红色预警信号

标准:6小时内可能受大风影响,平均风力可达12级以上,或者阵风13级以上;或者已经受大风影响,平均风力为12级以上,或者阵风13级以上并可能持续。

6. 沙尘暴预警信号

沙尘暴预警信号分三级,分别以黄色、橙色、红色表示。

☞ 沙尘暴黄色预警信号

标准:12小时内可能出现沙尘暴天气(能见度小于1 000米),或者已经出现沙尘暴天气并可能持续。

☞ 沙尘暴橙色预警信号

标准:6小时内可能出现强沙尘暴天气(能见度小于500米),或者已经出现强沙尘暴天气并可能持续。

☞ 沙尘暴红色预警信号

标准:6小时内可能出现特强沙尘暴天气(能见度小于50米),或者已经出现特强沙尘暴天气并可能持续。

7. 高温预警信号

高温预警信号分三级,分别以黄色、橙色、红色表示。

☞ 高温黄色预警信号

标准:连续三天日最高气温将在35 ℃以上。

☞ 高温橙色预警信号

标准:24小时内最高气温将升至37 ℃以上。

☞ 高温红色预警信号

标准:24小时内最高气温将升至40 ℃以上。

8. 干旱预警信号

干旱预警信号分二级,分别以橙色、红色表示。干旱指标等级划分,以国家标准《气象干旱等级》(GB/T20481－2006)中的综合气象干旱指数为标准。

☞ 干旱橙色预警信号

标准:预计未来一周综合气象干旱指数达到重旱(气象干旱为25～50年一遇),或者某一县(区)有40%以上的农作物受旱。

☞ 干旱红色预警信号

标准:预计未来一周综合气象干旱指数达到特旱(气象干旱为50年以上一遇),或者某一县(区)有60%以上的农作物受旱。

9. 雷电预警信号

雷电预警信号分三级,分别以黄色、橙色、红色表示。

☞ 雷电黄色预警信号

标准:6小时内可能发生雷电活动,可能会造成雷电灾害事故。

☞ 雷电橙色预警信号

标准:2小时内发生雷电活动的可能性很大,或者已经受雷电活动影响,且可能持续,出现雷电灾害事故的可能性比较大。

☞ 雷电红色预警信号

标准:2小时内发生雷电活动的可能性非常大,或者已经有强烈的雷电活动发生,且可能持续,出现雷电灾害事故的可能性非常大。

10. 冰雹预警信号

冰雹预警信号分二级,分别以橙色、红色表示。

☞ 冰雹橙色预警信号

标准:6小时内可能出现冰雹天气,并可能造成雹灾。

☞ 冰雹红色预警信号

标准:2小时内出现冰雹可能性极大,并可能造成重雹灾。

11. 霜冻预警信号

霜冻预警信号分三级,分别以蓝色、黄色、橙色表示。

☞ 霜冻蓝色预警信号

标准:48 小时内地面最低温度将要下降到 0 ℃以下,对农业将产生影响,或者已经降到 0 ℃以下,对农业已经产生影响,并可能持续。

☞ 霜冻黄色预警信号

标准:24 小时内地面最低温度将要下降到零下 3 ℃以下,对农业将产生严重影响,或者已经降到零下 3 ℃以下,对农业已经产生严重影响,并可能持续。

☞ 霜冻橙色预警信号

标准:24 小时内地面最低温度将要下降到零下 5 ℃以下,对农业将产生严重影响,或者已经降到零下 5 ℃以下,对农业已经产生严重影响,并将持续。

12. 大雾预警信号

大雾预警信号分三级,分别以黄色、橙色、红色表示。

☞ 大雾黄色预警信号

标准:12 小时内可能出现能见度小于 500 米的雾,或者已经出现能见度小于 500 米、大于等于 200 米的雾并将持续。

☞ 大雾橙色预警信号

标准:6 小时内可能出现能见度小于 200 米的雾,或者已经出现能见度小于 200 米、大于等于 50 米的雾并将持续。

☞ 大雾红色预警信号

标准:2 小时内可能出现能见度小于 50 米的雾,或者已经出现能见度小于 50 米的雾并将持续。

13. 霾预警信号

霾预警信号分二级,分别以黄色、橙色表示。

☞ 霾黄色预警信号

标准:12 小时内可能出现能见度小于 3 000 米的霾,或者已经出现能见度小于 3 000 米的霾且可能持续。

☞ 霾橙色预警信号

标准:6 小时内可能出现能见度小于 2 000 米的霾,或者已经出现能见度小于 2 000 米的霾且可能持续。

14. 道路结冰预警信号

道路结冰预警信号分三级,分别以黄色、橙色、红色表示。

☞ 道路结冰黄色预警信号

标准:当路表温度低于 0 ℃,出现降水,12 小时内可能出现对交通有影响的道路结冰。

☞ 道路结冰橙色预警信号

标准:当路表温度低于 0 ℃,出现降水,6 小时内可能出现对交通有较大影响的道路结冰。

☞ 道路结冰红色预警信号

标准:当路表温度低于 0 ℃,出现降水,2 小时内可能出现或者已经出现对交通有很大影响的道路结冰。